Mit digitalen Extras: Exklusiv für Buchkäufer!

Ihre digitalen Extras zum Download:

- Verhandlungen systematisch und effizient vorbereiten
- Anleitung für Teamverhandlungen
- Planungshilfe für wirksame Triaden
- Rollen im Verhandlungsteam

▶ **http://mybook.haufe.de/**

▶ **Buchcode:** LPT-8020

Durchsetzungsstark verhandeln

Gunhard Keil

Durchsetzungsstark verhandeln

Mit Strategie, Tools und Persönlichkeit nachhaltig zum Erfolg

1. Auflage

Haufe Group
Freiburg · München · Stuttgart

Bibliografische Information der Deutschen Nationalbibliothek

Die Deutsche Nationalbibliothek verzeichnet diese Publikation in der Deutschen Nationalbibliografie; detaillierte bibliografische Daten sind im Internet über http://dnb.dnb.de/ abrufbar.

Print: ISBN 978-3-648-15541-7 Bestell-Nr. 10672-0001
ePub: ISBN 978-3-648-15542-4 Bestell-Nr. 10672-0100
ePDF: ISBN 978-3-648-15543-1 Bestell-Nr. 10672-0150

Gunhard Keil
Durchsetzungsstark verhandeln
1. Auflage, Januar 2022

www.haufe.de
info@haufe.de

Bildnachweis (Coverfoto): Jurga Graf, 2019, https://www.jurgagraf.com/
Grafiken: David Kilvington

Produktmanagement: Anne Rathgeber
Lektorat: Peter Böke

Inhaltsverzeichnis

Abbildungsverzeichnis

Tabellenverzeichnis

1 Einführung: Die Kunst des Verhandelns

1.1 Verhandlungsführung als Königsdisziplin der Kommunikation

Der Anfang

Eine Wohngemeinschaft in Wien, 1990. Eine bunte Mischung unterschiedlicher hoffnungsvoller zukünftiger Leistungsträger hat sich zusammengefunden, um in den ausgedehnten Pausen, die das Lernen und Vorbereiten auf die Karriere großzügig unterbrachen, bei Tiefkühlpizza und billigem Schankwein über die Zukunft zu philosophieren. Ein Architekt, der lieber Galerist sein will, ein studierender Jurist, der lieber als Unternehmensberater seine Zukunft gestalten möchte, und ein Künstler aus England, der gerne Künstler werden will, teilen sich Bad, Küche und Wohnung und kooperieren fleißig im Nichtbeseitigen des hinterlassenen Chaos.

Telefonie war damals existenzbedrohend teuer. Den ständigen Verhandlungen über den Zugang zur begehrten Verbindung zu den nicht anwesenden Personen des Interesses folgten die nicht minder zähen Verhandlungen über die Aufteilung der Telefonrechnung. Zur Verdeutlichung: Das studentische Durchschnittseinkommen betrug damals umgerechnet 500 Euro, die Telefonrechnung war ebenso hoch.

Als dann der Künstler eines Tages von der hohen Summe seiner Gesprächskosten in die englische Heimat finanziell deutlich überrascht wurde, ergab sich eine Verhandlung mit dem damals durch Nachhilfestunden finanzstärkeren Noch-nicht-Unternehmensberater. Das Ergebnis des Gesprächs ergab eine deutliche Entspannung in der künstlerischen Börse, und seither hängt das Portrait eines nachdenklich auf die Glut einer Zigarre blickenden Jünglings im Frack in meiner Bibliothek. Das war die erste Kooperation zwischen David Kilvington und mir.

Als 30 Jahre später der zehn Jahre zuvor getroffene Beschluss, die Erfahrungen aus zahllosen Verhandlungen und Verhandlungscoachings zu einem Buch zu formen, Wirklichkeit wurde, gab es folgende Erkenntnisse: **Verhandlungsführung ist die Königsdisziplin der Kommunikation.**

In keiner anderen Disziplin der Kommunikation ist der Anspruch an die Person, die Fähigkeiten und das Wissen um das Thema so hoch, wie in Verhandlungen: Verständlich sagen, was man zu sagen hat, andere verstehen, den Fokus und damit die Aufmerksamkeit auf das legen, was die eigenen Anliegen unterstützt, Konflikte managen und und und … kein Wunder, dass so viele Verhandlungen nicht die Ergebnisse bringen, die ihre Teilnehmer sich erwartet hatten.

Das Wort im Bild

Was das mit der kurzen Geschichte zu Beginn zu tun hat? Ganz einfach. Als ich darüber nachdachte, wie ich die Prinzipien, Prozesse und Modelle abbilde, kam ich über langweilige Powerpoint-Grafiken mit Pfeilen, Kreisen und Kästen nicht hinaus. Die Erleuchtung kam dann mit der wörtlichen Interpretation eines Satzes, den ich in den unterschiedlichen Verhandlungsworkshops immer wieder ausspreche: **»Kommunikation ist Kunst.«** Also Kunst. Wie üblich für geniale Ideen kommen sie nicht am Schreibtisch, sondern überraschend und ganz wo anders. Nämlich schlaflos in einem von Mondlicht durchfluteten Schlafzimmer um 4:32 Uhr in der Früh. Damit ich im ehelichen

Bett durch kontinuierliche Rotationen, die eher an Grillhühner als an Schlafsuchende erinnern, keine unerquickliche Verhandlung auslöse, galt es schnell, das Gehirn von einem drängenden Impuls zu befreien: Um 4:34 Uhr sendete ich eine Nachricht an David und war überrascht, dass seine Antwort um 3:36 Uhr Greenwich-Zeit eintraf.

Seither arbeiten wir gemeinsam an diesem Buch. Hoffentlich genießen Sie die humorvoll künstlerische Umsetzung genauso, wie Ihnen die vorgestellten Methoden, Modelle und Tipps helfen, Ihre Durchsetzungskraft in Verhandlungen zu stärken.

1.2 Warum eigentlich verhandeln?

1.2.1 Walk Away

»Die lassen sich alle die Butter vom Brot holen. Da habe ich dann einfach eine Walk-Away-Linie einziehen lassen, jetzt geht's einigermaßen.« Mit einem leisen Seufzen blickt der Vertriebsvorstand auf die Unterlagen vor ihm, auf denen Kurven den Verlauf der Umsatz- und Ertragsentwicklung zeichnen. Beide Linie sind sich verdächtig nahe gekommen, die Marge schmilzt unaufhaltsam dahin.

»Und wie viele Verträge werden genau oder nahe dieser Walk-Away-Position abgeschlossen?«, entgegne ich. Ein kurzer Anruf beim Sales-Controlling schafft Abhilfe. Mehr als 80 %, spuckt der Suchfilter aus. Kurzes erstauntes Schweigen unterbricht das längere nachdenkliche Schweigen von vorhin. Einer der Vertriebsleiter wird gerufen und mit dem Ergebnis konfrontiert. Die Antwort ist ernüchternd: »Ja, es ist halt so, der Markt ist hart, der Mitbewerb kommt mit neuen Produkten auf den Markt. Außerdem gibt es gerade eine Preisoffensive und wir können das gute Verhältnis, das wir mit unseren Kunden haben, nicht aufs Spiel setzen ...« Es folgen noch weitere, häufig gehörte Einwände und ich glaube zu sehen, wie das Gesicht des Vorstands beginnt, sich leicht schmerzhaft zu verkrampfen.

Nachdem der Vertriebsleiter das Büro verlassen hat, schreibt der Vorstand eine kurzes E-Mail an alle: »Ab heute wird die Walk-Away-Position um 1,8 Prozentpunkte pauschal angehoben, Verträge unter einer Marge von 17,5 % DB3 dürfen nicht mehr abgeschlossen werden.« Nur drei Minuten später klingelt die Mailbox, bereits vier E-Mails von Vertriebsleitern sind eingetroffen, die warnend darauf hinweisen, welche Risiken das für die langjährigen und aufwendig gepflegten Kundenbeziehungen bedeute, man könne nicht einfach so die üblichen Nachlässe schmälern, ohne einen Absatzverlust zu erleiden.

Im Gesicht vis à vis sehe ich ein paar Adern mehr als zuvor und mir scheint, die Hautfarbe leuchtet etwas rötlicher.

AMBITIOUS
GOAL

APRES SKI
WALK AWAY
POSITION

1.2.2 Schafe oder Wölfe

Bei den meisten unserer Kunden gilt der Spruch: »Sagst du ja, machst du Umsatz, sagst du nein, machst du Gewinn.« Die typologische Einschätzung des Vertriebsvorstands lässt nur zwei Typen zu. Die Schafe, die sich die Wolle scheren lassen und dafür noch Geld geben würden, solange sie vom Kunden nett behandelt werden, und die Wölfe, denen es nur um ihre Beute, aber nicht um ein für beide Seiten nachhaltig gutes Geschäft geht.

Auf die Frage, wer dann tatsächlich im Sinne des Unternehmens verhandle, folgt Schweigen. Die Frage bleibt unbeantwortet.

1.2.3 Der dritte Typus

Dass es noch mindestens eine dritte Kategorie gibt, schien bei diesem Unternehmen zumindest kein häufig auftretendes Phänomen gewesen zu sein. Das sind jene Verkäufer, die im guten Einvernehmen mit dem Kunden bleiben, auch in harten Situationen bestehen und die erkennen, ob Einwände Vorwände sind oder eben doch Einwände. Wobei das nur einige der gefragten Eigenschaften sind, die exzellente Verhandler auszeichnen.

Klar, es gibt einige geborene Talente, die von Natur aus alles richtig machen und Spitzenergebnisse erreichen. Die meisten aber haben es gelernt. So wie ich selbst auch. Ich war kein Naturtalent und habe in meinen frühen Verhandlungen vermutlich alle Fehler gemacht, die man machen kann. Bis ich keine Lust mehr dazu hatte, entweder zu den Schafen oder zu den ungeschickten Wölfen zu gehören: In vielen Verhandlungen habe ich geübt und reflektiert, zahlreiche Bücher gelesen, von Klassikern wie »Verhandeln nach dem Harvard-Modell«[1] bis zu modernen Werken wie »Never split the difference«[2], und mich in Trainings und Coachings an meine Grenzbereiche herangewagt.

Learning by teaching war dann die nächste Iteration, bis ich im Jahr 2011 mit dem **Next-Level-Negotiation-Modell** meine Erfahrungen und mein Wissen, verbunden mit selbst entwickelten Modellen, das erste Mal ein modulares Training durchgeführt hatte. Die Idee zu diesem Buch entstand bereits damals, aber es brauchte weit über 100 Durchläufe und der Autor selbst zehn Jahre mentales Aufwärmen, um nun in die nächste Runde zu gehen. Nämlich das Buch zu schreiben, welches Sie nun in Händen halten.

1 Roger Fisher, William Ury, Bruce M. Patton (Hrsg.): Das Harvard-Konzept. Der Klassiker der Verhandlungstechnik. Campus-Verlag 2013.

2 Chris Voss und Tahl Raz: *Never Split the Difference: Negotiating As If Your Life Depended On It*, Harper 2017.

2 Der Mensch in der Krise

Es war so weit. Die Rahmenbedingungen waren geklärt, die Inhalte vereinbart, und es schien, als fehlte nur mehr die Unterschrift. Es war mein erster Auftrag, und ich war mächtig stolz, ohne Senior-Unterstützung mit einem lukrativen Auftrag in der Tasche das Wochenende genießen zu können. Mein Gesprächspartner lächelte freundlich, blickte kurz auf das Angebot vor sich auf dem Tisch, lehnte sich langsam zurück, sah mir für wenige Sekunden in die Augen und sagte dann: »So, alles passt, nur der Preis nicht.« Ich war perplex, stammelte überrascht: »Ja ... aber ... was stellen Sie sich denn vor ...« und eine halbe Minute später war mein Auftrag 15 % weniger wert.

Vermutlich lächeln Sie jetzt und fragen sich, was das mit Krise zu tun hat – einfach ein banaler, typischer Anfängerfehler, der vielen schon gelungen ist. Da haben Sie natürlich recht, und doch ... Wie geht es Ihnen heute, wenn Sie überrascht werden? Wenn etwas eintritt, womit Sie nicht gerechnet haben? Oder wenn Sie plötzlich damit konfrontiert werden, wovor Sie sich gefürchtet haben? Oder anders gefragt: Was löst für Sie eine Krise aus? Was raubt Ihnen Stabilität, Selbstsicherheit und schwächt Sie?

Die genaue Kenntnis der eigenen Schwächen sowie das Wissen um die Situationen, die diese Schwächen zutage bringen, ist eine Grundvoraussetzung dafür, sich mental vorbereiten und so durchsetzungsstärker verhandeln zu können.

Hier eine nicht vollständige Auswahl typischer Krisensituationen, die in der Folge individuelle Verhandlungsschwächen auslösen können:

- **Mit dem Rücken zur Wand:** Wirtschaftliche Probleme spielen in die aktuelle Situation hinein. Selbst wenn der Verhandlungspartner nicht ausdrücklich weiß, dass das eigene finanzielle Eis schon dünn geworden sein mag: Wenn wir die eigenen Probleme in der konkreten Situation nicht ausblenden können, wird uns dieser »Krisenhintergrund« automatisch in unserer Durchsetzungskraft schwächen. Gerade weitreichende Wirtschaftskrisen, Sanierungsszenarien etc. sind schwächendes Gift für starkes Verhandeln.
- **Mangelnde Erfolge in der letzten Zeit:** Kaum jemand kann die eigene Zuversicht und positive Motivation unbeschadet aufrechterhalten, wenn die letzten fünf Verhandlungen erfolglos über die Bühne gelaufen sind. Die negative Grundstimmung kann sich sogar in der gesamten Vertriebsmannschaft ausbreiten.
- **Druck »von oben«:** Auch hier gilt das Gleiche. Wenn der Antrieb beim Verhandeln mehr aus »Müssen« statt »Wollen« besteht, dann wirkt sich das unmittelbar in der Qualität der Kommunikation, beim Beziehungsaufbau und beim angemessenen Vertreten der eigenen Verhandlungsziele aus. So wie im Bild dargestellt, in der die Krise durch den Druck der Königin und des Königs ausgelöst wird. Durchsetzungsstärke kann aber nicht angeordnet oder weitergegeben werden.

Eines haben alle Krisensituationen gemeinsam: Der Auslöser der Krise liegt nicht innerhalb des eigenen Einflussbereichs. Dadurch werden Verhandler vom Täter zum Opfer.[3] Und Opfer verhandeln meistens nicht gut.

Was kann man also tun, um sich aus der Krisenfalle herauszudenken? Ein Coach hatte mal geraten: »Vergessen Sie einfach, dass Sie Angst haben!« Interessanter Vorschlag, nur kenne ich niemanden, dem das jemals gelungen wäre. Was aber funktioniert: Die Konzentration auf das eigene Verhandlungsziel, Wissen um die genaue Drucksituation und die Herausforderungen des anderen und konsequente, detaillierte Vorbereitung auf die anstehende konkrete Verhandlungssituation.

2.1 Ein Mensch – viele Gesichter

In unserer Familie ist seit dem typischen Volksschulaufsatz, aufgegeben von neugierigen Volksschullehrern, wie denn das Familienleben so abläuft, Folgendes über die Familie Keil bekannt: »Mami und Papi streiten nur, wenn Mami hungrig ist und Papi seinen Schlüssel sucht.« Verfasst in der ersten Klasse von unserer jüngsten Tochter Kyra.

Tatsächlich ist es so, dass es Momente gibt, in denen es ungünstig ist, mit meiner Frau über diverse nötige Alltagsangelegenheiten zu verhandeln. Jedenfalls stimmt sie Hunger eher ungnädig. Daher ist es besser, darauf zu warten, bis sie etwas gegessen hat. Wenn ich wiederum unter Zeitdruck stehe und als genetisch bedingt schlampiger Mensch meine Autoschlüssel suche, ist dies kein guter Moment, mit mir in Verhandlungen über Taschengeldzuschüsse oder sonstige Aufwandsthemen zu sprechen.

Dass der Hunger-Effekt weitreichende Auswirkungen hat, wurde 2011 von Shai Danziger, Ben-Gurion-Universität Tel Aviv, und Jonathan Levav von der New Yorker Columbia University bewiesen.[4] Die Analyse von 1.112 Urteilen ergab, dass die kurzfristige und situative Lebensmittelkrise, genannt Hunger, deutlich negative Auswirkungen auf Bewährungsgesuche hatte. Ein wiederkehrender Verlauf von satt (= milde) zu hungrig (= streng) konnte statistisch bewiesen werden.

Auf die juristisch bedenklichen Auswirkungen gehe ich hier nicht ein, aber auf die wesentliche Bedeutung für Verhandlungen sehr wohl. Denn selbst wenn Sie immer wieder mit derselben Person verhandeln, verhandeln Sie je nach Umständen, Tageszeit

3 Mehr dazu finden Sie im Konzept der Transaktionsanalyse, vgl. Stephen Karpman: Fairy tales and script drama analysis. In: Transactional Analysis Bulletin 7, 1968.

4 Details zur Studie auf der Homepage der Ben-Gurion-Universität: https://in.bgu.ac.il/en/Pages/news/shai_danziger.aspx.

und aktuellen Vorkommnissen mit jemand anderen. Oder zumindest jemanden, der deutlich anders reagieren kann, als Sie es gewohnt waren.

Bei Ihnen ist das sicher ähnlich, es wird günstige und weniger günstige Momente geben, die sich auf Ihre Konsens- und Verhandlungsbereitschaft auswirken. Wie sieht es aus? Besser abends? Besser morgens? Oder gleich nach dem Mittagessen? Gibt es Tageszeiten, zu denen Sie fitter sind? Was braucht es, dass Sie fokussiert, aufnahmebereit und entscheidungsfreudig sind? Das sind die Phasen, in denen Sie Ihre kritischen Verhandlungen einplanen sollten.

2.1.1 Tatsächlich Win-Win?

1979 starteten Roger Fisher und William Ury an der Harvard University das Harvard Negotiation Project, um unterschiedliche Verhandlungs- und Konfliktlösungen zu untersuchen. Das weltbekannte Buch und Grundlagenwerk zum Thema Verhandeln, das dabei entstand, trägt den Titel »Getting to Yes«[5] und erschien 1981. Darin wurden die folgenden **vier Grundregeln für nachhaltiges Verhandeln** definiert:

1. Trenne die Sache, das Thema, von der Person. Eine inhaltliche Differenz soll keine Auswirkung auf die Beziehung haben. Die Autoren empfehlen, empathisch zur Person und linear im Sachthema zu sein.
2. Konzentriere dich auf das Interesse, den Mehrwert, der hinter der Position steht. Wenn also jemand einen besseren Preis anstrebt, dann geht es meist nicht um die Prozente, sondern um Erfolg, Status oder persönliche Boni, die durch den Erfolg ausgelöst werden.
3. Entwickle, wenn möglich, mehrere Wahlmöglichkeiten. In Anlehnung an das Postulat von Heinz von Förster, stets so zu entscheiden, dass die Summe der Wahlmöglichkeiten größer wird, dient diese Grundregel dazu, nicht in einer Sackgasse zu enden und möglicherweise keinen Lösungsraum für die gemeinsame Verhandlung zu haben.
4. Das Einzige, was zahlt, sind Fakten. Es gelten keine Meinungen, keine Wertungen. Stattdessen lautet die Empfehlung, nur das in die Verhandlung einzubringen, was man auch beweisen und mit Fakten hinterlegen kann.

Aus der Erfahrung zahlreicher Verhandlungen kann ich bestätigen, dass diese Regeln eine gute Grundlage bieten. Wer sich daran hält, kommt schon mal ein gutes Stück weiter. Allerdings setzt die konsequente Umsetzung des **Harvard-Verhandlungsansatzes** voraus, dass Ihre Verhandlungspartner ebenso auf Win-Win – also Gewinn für beide Seiten – ausgerichtet sind.

5 Roger Fisher und William Ury: *Getting to Yes: Negotiating an agreement without giving in*, Random House Business Verlag, 3. Aufl. 2011.

Das Modell – so gut es sich anhört – wird immer häufiger kritisiert. Am deutlichsten von Chris Voss, ehemaligen FBI-Verhandler, der in seinem Buch »Never Split the difference« das Vorgehen als wenig praxistauglich kritisiert. Was nämlich tun, wenn Ihre Verhandlungspartner andere Ziele verfolgen? Selbst bei langjährigen Kooperationspartnern wirken sich Krisen aus, und zwar in beide Richtungen: So haben wir ein internationales Industrieunternehmen beraten, welches Grundstoffe für die textile Industrie liefert. Die Mitarbeiter im Vertrieb waren auf konsensuale Verhandlungen vorbereitet und intensiv in Win-win-Methoden geschult. Diese Methodik kam innerhalb kurzer Zeit gleich zwei Mal an ihre Grenzen. Das erste Mal, als es einen Faser-Überschuss gab und es darum ging, die eigenen Fasern in die Produktion der meist langjährigen Kunden zu bringen. Und zwar mit profitablen Margen in einem Markt, der stark preisgetrieben ist. Die meisten Vertriebsspezialisten ernteten Achselzucken und die lapidare Bemerkung, dass jetzt eben ein Nachfragemarkt und kein Anbietermarkt vorliege; am Ende des Tages sei schließlich jeder für seinen Ertrag verantwortlich.

Nur wenige Monate danach hatte sich das Blatt gewendet und die Faserproduzenten konnten den Bedarf der textil- und faserverarbeitenden Industrie nicht mehr bedienen. Die Konsequenzen für die produzierenden Unternehmen waren dramatisch. Im günstigen Fall kam man mit einer Drosselung der Produktion aus, manche – vor allem kleinere Unternehmen – hatten ihre Supply Chain zu stark vernachlässigt und mussten die Maschinen abstellen. Nun ging der Tanz in die andere Richtung: Die Vertriebsmannschaft wurde im Sekundentakt von ungeduldigen Kunden auf allen Kommunikationskanälen per E-Mail, Telefon, Messengerdiensten – sogar auf Social-Media-Plattformen – bedrängt, die Liefermengen zu erhöhen. Plötzlich wurde das Win-win-Argument angeführt und die Aussage, jeder sei für seinen Ertrag verantwortlich, war in Vergessenheit geraten. Zumindest auf Kundenseite.

Wie würden Sie reagieren? Was würden Sie von Ihrem Verhandlungsteam erwarten? Was würden Sie der Vertriebsmannschaft empfehlen?

Eine Frage, der wir uns noch tiefer widmen werden. Eines aber kann ich aus meiner Verhandlungserfahrung der letzten Jahre sagen: Je höher der Druck, je stärker eine Krise individuell wahrgenommen wird, umso mehr bedeutet Win-Win Folgendes: Win for me – Win for me.

2.1.2 Wenn Stärken fürs Kämpfen genutzt werden

Was machen Sie, wenn Sie sich angegriffen fühlen? Wenn Sie merken, dass Ihre Verhandlungspartner die Oberhand gewinnen und die vermeintliche Stärkenposition ausnutzen, so wie im Fall der Faserproduzenten oben beschrieben? Vermutlich werden Sie sich selbst auf eine Stärkenposition zurückziehen, um sich und Ihre Interessen bestmöglich verteidigen zu können. Das ist ein für Verhandlungen gefährlicher Moment, vor allem wenn statt sinnvoller Ergebnisse plötzlich die Idee der Gerechtigkeit im Raum steht – mehr dazu in Kapitel 5.9.1. Denn dann geht es nicht mehr um ein objektives, messbares Ergebnis sowie das zugrunde liegende Interesse, sondern um die subjektive Beurteilung von Verhältnismäßigkeiten. Oder in anderen Worten: Die Verhandlungsparteien beurteilen aus ihrer eigenen Sicht, ob die Ansprüche der jeweils anderen Seite fair sind oder nicht.

Statt zu verhandeln, wird nun gekämpft. Aber was setzt man ein, wenn man meint, gezwungen zu sein, für die eigenen Interessen kämpfen zu müssen? Die Antwort ist einfach: die eigenen Stärken.

Ein Modell, das wir gerne für die Einschätzung von eingesetzten Stärken in Verhandlungen nutzen, haben Fritz Riemann und Christoph Thomann entwickelt. Aufbauend auf den Arbeiten zum Buch »Grundformen der Angst«[6] haben beide ein beschreibendes Modell nach grundsätzlichen Ausrichtungen geschaffen, das in der folgenden Tabelle im Überblick dargestellt ist:

Ausrichtung	Stärke	Kampf
Distanz und Sachlichkeit	Objektivität, Analyse von Fakten, sachliche Darstellung, Überblick, Unabhängigkeit	Versachlichung, Unzugänglichkeit/Unnahbarkeit, Zurückziehen aus Systemen, Sarkasmus und Zynismus
Nähe, Mensch, Beziehung	Empathie, Beziehungen aufbauen und stärken, Mitfühlen	Tränen, emotionale Erpressung, Mitleid adressieren
Ordnung, Regel, Hierarchie	Strukturen aufbauen und verstehen, Prozesse definieren und managen, Regeln bilden	Regeln, Drohen, mit Hierarchie oder Position erzwingen
Veränderung, Kreativität	Wie in der Ausrichtung beschrieben: Neues schaffen, Dinge in Bewegung bringen	Inszenierung, Dramatisierung, Chaos und Intrige

Tab. 1: Ausrichtung von Stärken als Kampfmittel in Verhandlungen

Wenn es in Verhandlungen zu Verhärtungen kommt, geschieht es häufig, dass sich die einzelnen Protagonisten bedroht fühlen. Damit ziehen sie sich auf ihre Stärken zurück und setzen diese als Kampfmittel ein.

6 Fritz Riemann: *Grundformen der Angst*. Verlag Ernst Reinhardt, München 1961, sowie Christoph Thomann und Friedemann Schulz von Thun: *Klärungshilfe 1: Handbuch für Therapeuten, Gesprächshelfer und Moderatoren in schwierigen Gesprächen*. Rowohlt, Hamburg 1988.

Wird zum Beispiel ein sachlich orientierter Mensch so bedrängt, dass er sich unsicher fühlt, wird er dazu tendieren, noch sachlicher, noch unzugänglicher zu sein, und vielleicht sogar versuchen, mit sarkastischen Bemerkungen potenzielle Lücken in der Argumentation seines Verhandlungspartners aufzudecken. Wenn der andere ein Nähe- Beziehungstyp ist, provozieren ihn gerade diese Verhaltensmuster noch mehr, und die Wahrscheinlichkeit, dass dieser nun die typischen Kampfmittel des Beziehungsmenschen auspackt ist sehr hoch. So entsteht Zynismus auf der einen, emotionale Erpressung auf der anderen Seite.

So wird deutlich, dass der sogenannte reine Stärkenansatz in konfrontativen Verhandlungen die involvierten Seiten eher von einem gemeinsamen Ergebnis wegführt, als sie dabei unterstützt, eine gemeinsam tragbare Lösung zu finden.

2.1.3 Souveränität – Nährboden für persönliche Verhandlungsstärke

Wir fragen in unseren Verhandlungscoachings immer, was die stärkste Haltung, die beste Basis für erfolgreiches Verhandeln ist. Fast immer lautet die Antwort: Souveränität. Auf die Nachfrage, was Souveränität denn eigentlich bedeute, erhalten wir folgende Antworten: Authentizität, Stärke, Glaubwürdigkeit, Kompetenz, Selbstbewusstsein, Selbstsicherheit und vieles in der Art mehr. Also lauter wirklich nützliche Eigenschaften, wenn es um anspruchsvolle Verhandlungen geht. Aber was bedeutet Souveränität tatsächlich?

Die allgemeine Definition für den Begriff »Souveränität« hat sich seit der ersten ausführlichen Beschreibung durch Jean Bodin 1576[7] nicht wesentlich verändert. Es bedeutet die Rechts- und Entscheidungshoheit eines Staates oder einer Organisation und damit die völlige Unabhängigkeit von anderen. Diese Bedeutung lässt sich auf Verhandlungssituationen übertragen: **Souveränität ist die völlige Unabhängigkeit von allen Einflussfaktoren, die sich schwächend auf die Verhandlung auswirken.**

Aus der Erfahrung zahlreicher Verhandlungen kann ich die vier häufigsten Fallen identifizieren, die dazu führen, dass die eigene Verhandlungssouveränität geschwächt wird:

Falle 1: Abhängigkeit von der eigenen wirtschaftlichen Situation
Nach einer Serie von Misserfolgen sind die Reserven bald aufgebraucht. Nach langer Zeit gibt es wieder eine realistische Chance auf einen großvolumigen Auftrag mit attraktivem Deckungsbeitrag. Das gesamte Verkaufsteam ist unter Strom – wer wäre in diesem Moment nicht besonders angespannt? Ständig kreisen Zweifel gebärende Gedanken im Kopf. Was, wenn nun so kurz vor dem Ziel ein anderer mit einem besseren Angebot um die Ecke kommt? Wie soll ich mein Team motivieren, wenn diese Chance sich auch wieder als Seifenblase entpuppt ... was, wenn ...

So verständlich und nachvollziehbar das auch ist – für die eigene Verhandlungsstärke sind diese Gedanken pures Gift. Denn die vermeintliche Abhängigkeit von diesem, genau diesem und keinen anderen Geschäftsabschluss hat sich nun wie ein Virus eingeschlichen und untergräbt die so notwendige Selbstsicherheit.

Falle 2: Abhängigkeit von Karrierezielen
Klar, beeindruckende Abschlüsse und Geschäftserfolge sind ein hervorragendes Düngemittel für zukünftige Karrierechancen. Die nächste Beförderung, der nächste Karriereschritt ruht auf dem glaubwürdigen Potenzial, auch den nächsten Level an Herausforderungen zu bewältigen, allerdings nur, wenn man den Beweis erbracht hat, auch in der derzeitigen Situation erfolgreich gewesen zu sein. Und das gelingt durch persönlichen Verhandlungserfolg besonders gut. Was aber, wenn sich nun die ichbezogenen Ambitionen mit dem Verhandlungsziel verbinden? Was hat der Preis für einen Servicevertrag mit der eigenen Beförderung zum Abteilungsleiter zu tun? Für den zukünftigen Kunden rein gar nichts. Es sei denn, der kriegt das spitz und setzt es als Hebelargument ein. Das wiederum schwächt die Souveränität, schwächt die Verhandlungsposition und schadet dem Ergebnis.

7 Jean Bodin: Über den Staat. Auswahl, Übersetzung und Nachwort von Gottfried Niedhart. Reclam, Stuttgart, 2005.

Falle 3: Abhängigkeit vom Status

Mit der Eitelkeit ist das so eine Sache. Ein gewisses Maß an Interesse für die eigene Wirkung ist gerade für erfolgreiche Verhandler angesagt. Manche rechnen das bereits der Eitelkeit zu, andere beschreiben es als Interesse für die eigene Wirkung auf andere. Tatsächlich braucht es diese Aufmerksamkeit als soziale Kontrolle. Denn wer nicht darauf achtet, wie andere auf einen reagieren, verhandelt im sozialen Blindflug. Was aber, wenn das Anderen-gefallen-Wollen eine Bedeutung erhält, die dazu führt, dass man vom Pfad der Verhandlungstugend abkommt? Vor allem in Vertriebsorganisationen, in denen mit Monatsrankings gearbeitet wird, kommt es häufiger zu dieser Fehlleitung, denn dann wird persönliche Eitelkeit mit sozialem Status vermengt. Solche kompetitiv ausgerichteten Motivationen spornen nicht nur den Wettbewerbsgedanken an – was ja durchaus inspirierend wirken kann –, sondern adressieren die für Verhandlungen weniger günstige Eitelkeit.

Eine kleine Bösartigkeit liegt noch in dieser Falle: Während die meisten bei den Fallen »wirtschaftliche Abhängigkeit« und »Karriereorientierung« zumindest sich selbst eingestehen können, dass es da Fehlorientierungen geben mag, habe ich selten eitle Menschen erlebt, denen diese gefährliche Falle auch bewusst war.

Was hier Abhilfe schafft: Bekennend eitel zu sein und mit einem Augenzwinkern die Fähigkeit zu entwickeln, über sich selbst lachen zu können, schafft bereits hilfreiche Entspannung und unterstützt dabei, sich wieder exklusiv auf die Verhandlungspartner und das Verhandlungsthema zu konzentrieren.

Falle 4: Abhängigkeit von der Beziehung

Wir haben in vier Jahren über 350 Teilnehmer in Verhandlungstrainings nach typischen Gewohnheiten befragt, unter anderem auch danach, wie oft man sich in wiederkehrenden Verhandlungssituationen mit den gleichen Personen und gegebenenfalls den gleichen Themen befindet. Dabei ergab sich folgende Statistik für einzelne Verhandlungssituationen: 97 % gaben an, mit jedem Ansprechpartner zumindest drei Verhandlungssituationen zu haben, 91 % gaben an, ihre fünf wichtigsten Verhandlungspartner mehr als ein Jahr zu kennen und 85 % mehr als zwei Jahre.

Das bestärkt die Aussage, die wir seit Langem als Mindset für erfolgreiche Verhandlungen empfehlen. In Verhandlungen gibt es kein B2B und B2C, sondern nur P2P, also Person zu Person. Und wenn die Beziehung länger besteht sowie eine Reihe erfolgreicher Geschäfte abgewickelt wurde, entsteht zwischen den Verhandlungspartnern Vertrauen. Das ist ein unschätzbares Gut. Dies kann dazu führen, dass in Drucksituationen in der Sache nicht mehr ausreichend linear verhandelt wird – die Souveränität ist durch die Abhängigkeit von der guten Beziehung zum anderen eingeschränkt. Ein Prinzip, das im Harvard-Konzept intensiv behandelt wird.

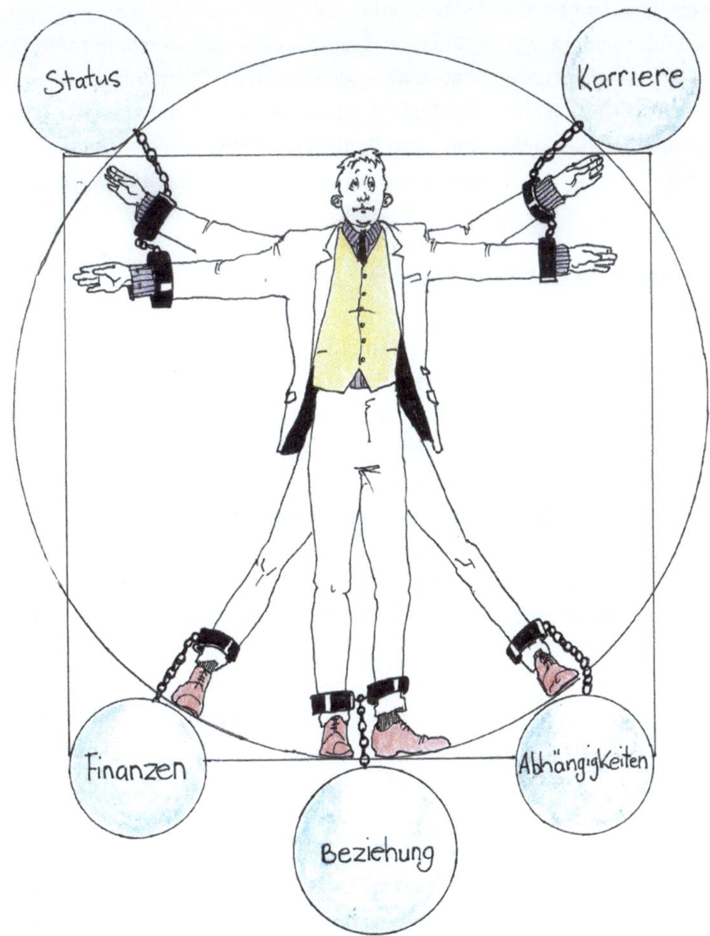

Der Weg zur Souveränität

Unter dem Strich: Um in herausfordernden Verhandlungen Zugriff auf die eigenen Stärken zu haben, braucht es Souveränität. Alle hier beschriebenen mentalen Fesseln bremsen nicht nur, sondern verleiten dazu, schlechte Entscheidungen zu treffen, die sich in reduzierten Verhandlungsergebnissen auswirken.

Souveränität in Verhandlungen zu erreichen, ist ein hohes Ziel und braucht Übung. Es reicht nicht, das Prinzip zu verstehen, sondern es braucht die Fähigkeit, einen souveränen Status zu erlangen. Eine Teilnehmerin hatte das in einem Coaching so formuliert: »Das bedeutet also, ganz in die Situation einzutauchen!« und das stimmt, denn aktives Vergessen funktioniert hier genauso wenig wie bei Angst. Die mentale »Delete-Taste« gibt es nicht, das Beispiel des rosa Elefanten im Raum ist inzwischen weltweit bekannt und beweist nur, dass »Weg von« beim Denken nicht funktioniert, sondern nur »Hin zu«. In Kapitel 8 »Die Verhandlungspersönlichkeit« vertiefen wir dieses Thema.

2.2 Das Ende der Planbarkeit

Bei der jährlichen Planungsrunde werden mit Sorgenfalten die Entwicklungen in den unterschiedlichen Märkten analysiert, Produkt- und Preisvergleiche angestellt und es wird deutlich: Die Margen geraten zusehends unter Druck, während die Absätze stagnieren, also muss etwas geschehen. Powerpoint ist geduldig, Excel nimmt jede Zahl an, also werden einfach Prozente nach oben korrigiert und die Kurven steiler gezeichnet – und schon sieht man auf den Schirmen die gewünschten Ergebnisse, die es zur Zufriedenheit von Vorstand und Aufsichtsrat braucht. Der größte Aufwand besteht dann im nachfolgenden Begründen, warum diese Zahlen plausibel sind, warum die Hockeyschläger-Kurve diesmal sehr wohl eintreten würde und welche unterstützenden Maßnahmen geplant sind.

Gleichzeitig wird schon kräftig »Speck« in den Sheets versteckt, damit die Ziele doch erreicht werden bzw. die Abweichung nicht zu groß ausfällt. Dieser Zirkus ist vielen längst bekannt und zahlreiche Unternehmen haben daher vom klassischen jährlichen Budgetieren auf modernere, flexiblere und damit auch praktikablere Methoden wie OKR umgestellt. Die Methode der Objectives and Key Results (kurz OKR) wurde in den 1980er Jahren bei Intel von Andy Grove entwickelt und ausführlich von John Doerr beschrieben.[8] Sie ist nun die Planungsgrundlage für die meisten modern ausgerichteten Unternehmen wie Google, Amazon & Co.

Neulich sagte ein Vertriebsvorstand zu mir: »Der größte Gewinn durch die Einführung von OKR ist das Ende der zähen Verteidigungsverhandlungen mit unseren Sales-Teams. Wenn die mit unseren Kunden genauso hartnäckig für höhere Preise verhandelt hätten wie mit uns zur Absenkung der Vertriebsziele, ich weiß nicht, welche Entwicklung unsere Profitabilität genommen hätte.«

Was vielen klar ist: Eine genaue Planung über einen Zeitraum von einem oder sogar mehreren Jahren vorherzusehen, gleicht dem Blick in die Glaskugel. Treffender als Niels Bohr kann man es kaum formulieren: »Prognosen sind immer schwierig, vor

8 John Doerr: *Measure What Matters: How Google, Bono, and the Gates Foundation Rock the World with OKRs.* Penguin/Portfolio 2020.

allem wenn sie die Zukunft betreffen.« Und selbst anerkannte Zukunftsforscher wie Matthias Horx liegen häufig falsch. So berichtet er auf seiner Plattform, dass er im Jahr 2005 Facebook nur eine kurze Lebensdauer vorhergesagt hat.[9]

Aber was bedeutet das für Verhandlungen und den verhandelnden Menschen?

1. Fakten stammen zwar aus der Vergangenheit, aber sie wirken zum gegenwärtigen Zeitpunkt. Gleichzeitig lässt sich nicht alles, was heute gilt, problemlos auf die Zukunft übertragen. Damit gibt es eine progressiv steigende Unschärfe, je weiter das Planungsziel in der Zukunft liegt.
2. Lineare Entwicklungen gibt es kaum. Die Schwankungen von Märkten, Preisen, kompetitiven Produkten etc. sind kaum vorhersehbar, vor allem wenn äußere Einflüsse hinzukommen. Damit sind nicht nur die pandemischen Auswirkungen von Covid-19 gemeint, auch politische Veränderungen wie Brexit, wirtschaftspolitische Maßnahmen einzelner Länder etc. können vor allem für langfristig ausgerichtete Verhandlungen massive unvorhergesehene Auswirkungen haben.
3. Ein Blick in die Vergangenheit beweist: Disruptive Veränderungen nehmen progressiv zu. Das hat vor allem mit den technischen Möglichkeiten zu tun, die sich durch mobiles Internet, Artificial Intelligence (AI), den rasanten Entwicklungen im Bereich von Automatisierung und Robotics sowie den damit einhergehenden veränderten Lebensgewohnheiten von ganzen Konsumentengruppen ergeben. Wer in diese Zusammenhänge tiefer eintauchen will: Diverse Institute und andere Kompetenzorganisationen wie zum Beispiel McKinsey stellen dieses Wissen großzügig zur Verfügung.[10]
4. Ob eine Entscheidung richtig ist oder nicht, wird selten in dem Moment definiert, in dem die Entscheidung getroffen wurde. Sie wird durch die nachfolgenden, davon abhängenden Entscheidungen und vor allem den dadurch ausgelösten Handlungen verifiziert. Einfach gesprochen: Niemand kann sagen, ob beispielsweise im Zeitpunkt der Eheschließung die Entscheidung tatsächlich richtig war oder nicht. Oder nur für eine gewisse Zeit. Statistisch scheiterten in Deutschland im Jahre 2004 50 % der Ehen[11], in Wien waren es 2005 sogar 60 %[12]. Ein Blick in die Tiefe der Scheidungsgründe ergibt allerdings nicht, dass die Entscheidung zum Zeitpunkt der Eheschließung ursächlich für die Scheidung war, sondern die Handlungen, die danach folgten. Es liegt also zu großen Teilen an uns, eine Entscheidung im Nachgang durch eigenes Tun »richtigzustellen«.

9 Vgl. https://www.horx.com/meine-zukunftsfehler/.
10 Vgl. https://www.mckinsey.com/business-functions/mckinsey-analytics/our-insights/its-time-for-businesses-to-chart-a-course-for-reinforcement-learning.
11 Vgl. https://de.statista.com/statistik/daten/studie/76211/umfrage/scheidungsquote-von-1960-bis-2008/.
12 Vgl. http://www.ifs.at/html-texte/pr493.htm.

2.2.1 Die nächste Krise kommt bestimmt

In Verhandlungen sollten wir einerseits versuchen, optimale Ergebnisse für die Zukunft zu vereinbaren, zugleich müssen wir aber davon ausgehen, dass sich wesentliche Rahmenbedingungen und Voraussetzungen für die inhaltliche Ausrichtung und die Strategie der Verhandlung schon rasch ändern können.

Dass die Covid-19-Pandemie seit Ende 2019 alle Planungen über den Haufen geworfen hat, ist ein alter Hut, und selbst Hardcore-Planer gehen inzwischen von einer zumindest möglichen Varianz in ihren Planungsrichtlinien aus. Aber selbst ohne Pandemie wird niemals alles so laufen, wie in den Verträgen vorgesehen, je länger die Vertragslaufzeit, umso größer die Abweichung, auch hier trifft der oben zitierte Satz von Niels Bohr zu.

Hier ein Beispiel aus einem Verhandlungsprojekt, in dem ich einen der Vertragspartner bei der Erstellung und Umsetzung der Verhandlungsstrategie unterstützen durfte: Der Produktion von schienengebundenen Garnituren für die Personenbeförderung geht ein langer Planungsprozess voraus. Erst werden die zukünftigen Bedarfe analysiert, dann mögliche Veränderungen der Rahmenbedingungen wie zum Beispiel Sicherheitsvorgaben, gesetzliche Regulierungen etc. antizipiert und anschließend darf das Engineering beginnen, also der Entwurf der Garnituren. Die dazu aufgesetzten Leistungsverträge können einige 1.000 Seiten stark sein, mit Anhängen, Spezifikationen, antizipierten Eventualitäten etc. Dennoch gibt es immer wieder Sachverhalte, die nicht vorhersehbar waren. Daher wurde auch im europäischen Eisenbahnrecht versucht, den mehrjährigen Durchlaufzeiten solcher Projekte Rechnung zu tragen.[13] Dennoch kam es zu Abweichungen, die durch Änderungen der Gesetze, modifizierte Technologie und unvorhergesehene Pannen im Produktionsverlauf begründet waren. Jedes dieser Ereignisse für sich war eine Krise, stellte die beiden Vertragspartner vor ordentliche Probleme und löste an unterschiedlichen Stellen persönliche Krisen aus:

- Die Garnituren waren nicht rechtzeitig für den Einsatz bereit, was das Verkehrsunternehmen unter Druck brachte.
- Die vertragliche Regelung war so formuliert, dass es keine eindeutige Zuweisung der Schuldfrage gab.
- Zusätzlich verteuerten der lange Projektdurchlauf sowie nötige Änderungen die Produktion entscheidend. Dadurch gerieten die Business Cases von beiden Seiten massiv unter Druck.
- Für einige Entscheider und Managementpositionen bedeutete diese Krise eine massive persönliche Bedrohung, entweder für die weitere Karriere oder sogar ihren Arbeitsplatz.

13 Vgl. https://de.wikipedia.org/wiki/Eisenbahnrecht_(Europäische_Union).

In kurzen Worten: Auch ohne Krieg, Wirtschaftskrise oder Pandemie erlebten (fast) alle involvierten Personen eine Krise und standen damit unter erheblichem Druck.

2.2.2 Der Druck von oben, von der Seite und von innen

»Kennen Sie das auch? Es gibt so Situationen, da verhalten sich die Menschen, mit denen ich zu tun habe, recht eigenartig …« Bei allen Keynotes, in denen ich diese Frage stelle, erhalte ich deutliche Zustimmung. Dabei macht es nichts aus, ob es Menschen sind, die ich schon lange kenne und die plötzlich ganz anders vorgehen, als ich es bisher von ihnen gewohnt war, oder ob es auch neue, mir unbekannte Verhandlungspartner sind, deren Vorgehensweise in Verhandlungen für mich ungewohnt, unschlüssig oder inkongruent ist.

In einem M&A-Verhandlungsprojekt kamen im Verlauf der Verhandlungen zunehmend neue Themen und Aspekte auf den Verhandlungstisch, die jedes Mal eine Veränderung der Gesamtsituation und damit der Beurteilung des Unternehmenswertes auf der Käuferseite bedeutete. Nach der dritten Schleife forderten – nachvollziehbar – die Experten der Käuferseite mit Unterstützung der eigenen Entscheider ein weiteres Meeting, in dem dann alle weiteren relevanten Informationen zum Abschluss der Due Diligence und damit zur Basis für eine Wertbestimmung vorzulegen waren. Sonst würde man seitens der Käufer das Verfahren einstellen.

Der Leiter des Expertenteams der Verkäufer stimmte dem Vorschlag zu, und so kam es zu einem »Kassensturz-Termin«, in dem schließlich eine realistische Bandbreite gefunden werden sollte. Der nächste Abstimmungstermin wurde vereinbart und alle an diesem Termin Beteiligten gingen offensichtlich erleichtert nach Hause.

Dann, fünf Tage später der Folgetermin. Ich sehe heute noch die Schweißperlen auf der Stirn, den zusammengekniffenen Mund und die zusammengezogenen Augenbrauen, als wäre ich im Meeting. Blickkontakt gab es keinen und die sonst freundliche Begrüßung mit zumindest ein wenig höflichem Smalltalk war einem »Bitte nehmen Sie Platz«, unterstrichen durch eine flüchtige Handbewegung, gewichen.

Mir war sofort klar, dass es keinen Deal geben würde, was immer die Gründe waren. Der arme Vertreter der Verkäuferseite war ganz offensichtlich gezwungen, gegen seine Werte zu handeln, und tat sich aus nachvollziehbaren Gründen auch merklich schwer damit. Was dann folgte, war unerfreulich für beide Seiten. Der Grund für das Vorgehen war – wie sich später wenig überraschend herausstellte –, dass die Bewertungsmethode, auf die man sich geeinigt hatte, nicht den angestrebten Zielwert ergeben hatte, wobei die Entscheider auf der Verkäuferseite dies den Experten und Delegierten in der Verhandlung nicht mitgeteilt hatten und dann Auswege suchten, entweder den Preis in die Höhe zu treiben oder eben eine Möglichkeit für den Exit zu finden.

In diesem Beispiel wird deutlich, dass sogenannte Marionettenverhandlungen fast immer zu schädlichen Situationen für beide Seiten führen. Die schwierige Lage kann sich durch fehlende Informationen oder manipulative Führung weiter verschärfen. Wenn Menschen durch Druck gezwungen werden, etwas zu tun, was große Überwindung braucht, passiert Folgendes:

- Statt Freundlichkeit kommt Ablehnung.
- Statt Souveränität entsteht Unsicherheit.

- Statt zu versuchen, die anderen für die eigenen Absichten zu gewinnen, kommen Vorwände oder Vorwürfe.
- Statt Offenheit gibt es verdeckte Taktik und Ablehnung.

Druck kann aber auch von anderen Seiten kommen, nicht nur von den eigenen Führungskräften. Gerade im Vertrieb gibt es laufend Verhandlungen. Je nach Marktlage und dem eigenen Ranking kann es auf Marktseite zu schwierigen Situationen kommen. Im Rahmen eines weiteren Projekts für ein Sales-Team im Rohstoffbereich beschrieb es der Verkaufsleiter so: »Entweder gibt es einen Mangel am Markt, dann explodieren die Preise. Das ist ja gut für uns, aber wir müssen dann unseren Kunden nicht nur erklären, warum sie mehr bezahlen sollen, sondern noch viel schlimmer: Wir müssen ihnen erklären, warum sie nichts kriegen oder nicht die Menge kriegen, die sie gerne hätten. Ein paar Monate später sieht es anders aus. Dann gibt es plötzlich ein Überangebot und das Spiel dreht sich um. Die Preise sinken und wir müssen um Aufträge betteln.« Das ist ein typisches Phänomen und deswegen ist es auch wichtig, sich im Vertrieb nicht als Verteiler, sondern als Verhandlungsexperte zu positionieren. Dieser Druck vom Markt kann durch interne Rankings gesteigert werden. Wir kommen noch auf die typischen Ängste von Verkäufern und Einkäufern zu sprechen – die Angst vor Statusverlust ist jedenfalls weit vorne.

Und wieder gilt: Wer unter Druck ist und diesen nicht managen kann, zeigt für Verhandlungen schädliche Verhaltensweisen.

- Die Ellbogen werden zum Einsatz gebracht.
- Unangemessener Entscheidungsdruck wird aufgebaut.
- Information, die für Kollegen wichtig wären, werden zurückgehalten.
- Die Kooperation im Team wird durch egoistische Verhaltenszüge geschwächt.
- Und noch viele weitere ...

Zusammenfassend: Egal ob durch Vorgaben des Managements, durch Veränderungen am Markt, aufgrund von Kollegen, die einen überflügeln, oder unzufriedenen Mitarbeitern im eigenen Team – der Druck entsteht in einem selbst. Druck macht man sich selbst. Auch wenn die Gründe noch so verständlich und nachvollziehbar sind: Ob man sich unter Druck gesetzt fühlt oder nicht, ist ein hausgemachtes Problem.

Einen ersten Zugang, um diesen Druck besser zu managen oder, noch besser, gar nicht erst entstehen zu lassen, lernen Sie im folgenden Abschnitt kennen.

2.2.3 Die Beziehung mit dem Verhandlungspartner

Eine weitverbreitete und vielfach erforschte Reaktion auf Krisen ist, dass Menschen enger zusammenrücken. Mögliche Differenzen werden beiseite geräumt und durch Nähe und Kontakt wird versucht, Sicherheit zu erlangen. Statt der komplizierten Verfolgung von Eigeninteressen wird eine pragmatische Zusammenarbeit gefördert, und plötzlich geht auch was über Abteilungsinteressen hinweg. Das funktioniert aber nur, wenn *alle* den Druck durch die Krise gemeinsam empfinden. Also Einigung durch einen gemeinsamen Feind.

Das traf während des Zweiten Weltkrieges für die USA und die UdSSR genauso zu wie in den ersten Phasen der Covid-19-Pandemie 2020, in der sogar grundsätzlich antagonistische Abteilungen wie zum Beispiel Vertrieb und Produktion in zahlreichen Unternehmen nicht nur gemeinsam funktioniert, sondern sogar einander unterstützt haben.[14]

Dieses Prinzip lässt sich für Verhandlungssituationen wunderbar nutzen. Sie werden vermutlich zustimmen, dass eine wichtige Verhandlung viele Kennzeichen einer zumindest kleinen Krise hat und damit individuellen Druck auslöst, was dann zu verhandlungsschädlichem Verhalten, wie zuvor beschrieben, führen kann.

Was aber, wenn es Ihnen und Ihren Verhandlungsteams genau in diesen Situationen gelingt, sich mit dem Verhandlungspartner zu verbünden, und der Feind, gegen den man sich zusammenschließt, ist der Mitbewerber des Verhandlungspartners oder eine gemeinsame schwierige Situation?

Der wichtigste Schlüssel für schwierige Verhandlungen ist daher das **Managen der Beziehung mit dem Verhandlungspartner**. In fast jedem Abschnitt dieses Buchs geht es nicht darum, die andere Seite übers Ohr zu hauen, Druck aufzubauen oder sie gar zu bestechen, sondern es geht um folgende Fragen:

- Wie gewinne ich den Verhandlungspartner?
- Wie stelle ich Vertrauen zu den Menschen her, mit denen ich verhandle?
- Wie viel Glaubwürdigkeit brauche ich?
- Wie baue ich soziales Kapital[15] auf, das mir bei meiner Verhandlung hilft?

14 Vgl. https://isoe.blog/transdisziplinaere-zusammenarbeit-als-reaktion-auf-sozial-oekologische-krisen-das-beispiel-der-corona-pandemie/.

15 Der Begriff *soziales Kapital* bezeichnet die Wertzuschreibung von anderen aus einer sozialen Gruppe, beschrieben von Pierre Bourdieu: *Le capital social*. In: *Actes de la recherche en sciences sociales*. Vol. 31, Januar 1980. Oder unterhaltsamer in folgendem Youtube-Video: https://www.youtube.com/watch?v=dQ5MdAjX4NU.

2.3 Der Stellenwert des Verhandelns

2.3.1 »Das tut man nicht!«

Wie oft habe ich das gehört: »Man verhandelt nicht! Du zahlst den Preis, den jemand angibt, oder du lässt es eben bleiben.« Nur der erzieherische Einfluss in Bezug auf Vertriebsfeindlichkeit war noch stärker: »Wenn jemand etwas von dir will, wird man sich schon bei dir melden.« Hätte ich dieser Regel gefolgt, wäre ich als Unternehmer heute pleite.

In unserem Kulturkreis wird privat beim Hauskauf und beim Autokauf verhandelt, sonst kaum. Fast immer gibt es betretene Gesichter, wenn die Frage nach dem Preis kommt und die Vorstellungen über das, was angemessen scheint, auseinandergehen.

Es scheint, als müsse der Preis bereits objektiv messbar »richtig« sein und alles andere ist entweder Dumping oder Betrugsversuch. Wenn Sie von diesen Fantasien bereits frei sind, herzlichen Glückwunsch. Denn laut einer anonymen Online-Umfrage auf der Plattform LinkedIn zu der Frage, ob eine Preisverhandlung eher angenehm oder unangenehm ist, haben wir im März 2021 bei insgesamt 3.080 Befragten folgendes Verhältnis eruiert:

- eher unangenehm: 78 %
- habe Lust darauf: 18 %
- indifferent: 4 %

Ein weiteres Indiz dazu: Suchen Sie im Web nach »Angst vor Preisverhandlungen« und Sie werden sehen, wie mannigfaltig die (deutschsprachigen) Suchergebnisse zu diesem Thema sind.

2.3.2 Oder eben doch verhandeln?

Es gibt einige Bereiche, in denen auf Biegen und Brechen verhandelt wird. Ich kenne kaum jemanden, der sein Auto privat zum Listenpreis gekauft hat. Schon gar nicht, wenn das Fahrzeug gebraucht ist und privat erstanden wurde. Wie kommt das? Auf der einen Seite so schüchtern, auf der anderen ein knallharter Verhandler? Die Antwort ist einfach. In manchen Bereichen ist das Verhandeln – das dann wohl mehr einem Feilschen ähnelt – sozial akzeptiert, in anderen nicht. Welche Themenbereiche das sind, ist in verschiedenen Kulturen unterschiedlich verteilt. Wer in Istanbul am Bazar etwas kauft, ohne zumindest den Touristenaufschlag wegzuverhandeln, ist selbst schuld. Das Gleiche gilt übrigens für die vielen Kioske in fast allen südlichen Urlaubsländern.

Wie sieht es im Business aus? Kaum ein Unternehmen verzichtet in der eigenen Supply Chain oder im Beschaffungsmanagement auf ein professionelles Procurement, das zur Aufgabe hat,

1. die Versorgung sicherzustellen,
2. gute Qualität bzw. das Einhalten von definierten Standards zu garantieren und
3. optimale Einkaufskonditionen sicherzustellen.

Und wieder ist es die Rolle und der soziale Rahmen, der die Verhandler ermächtigt, nach bestem Wissen alles zu tun, um optimale Ziele zu erreichen, denn auf der anderen Seite haben die Vertriebseinheiten das Ziel,

1. Produkte und Dienstleistungen an die Frau und an den Mann zu bringen,
2. möglichst hohe Margen einzufahren und
3. stabile langfristige Kundenbeziehungen zu gestalten.

Wie soll das ohne professionelle Verhandlungen gehen, die weit über reine Preisdiskussionen hinausgehen? Für alle Verantwortlichen von Verhandlungsergebnissen gilt daher: Stellen Sie in Ihrem Umfeld sicher, dass von Beginn an das Thema Verhandeln positiv aufgeladen und umfassend betrachtet wird. Zum Beispiel über folgende einfache Übung:

2.3.3 Der Supermarkt-Test

In meinen Keynotes und Trainings fordere ich alle ziemlich zu Beginn auf, in einem Supermarkt an der Kasse nach Prozenten zu fragen. Das ist für die meisten eine persönliche Überwindung, und häufig höre ich Einwände wie: »Das dürfen die doch gar nicht ... das geht nicht ...«

Doch worum geht es tatsächlich bei dieser Übung? Ich möchte, dass Verhandler reflektieren, ob sie grundsätzliche Verhandlungsbremsen haben. Und die »Das tut man nicht«-Bremse wird in dieser Übung schnell deutlich.

Spannend sind die Ergebnisse, die nach der Übung präsentiert werden. Laut meiner inoffiziellen Strichliste, die ich führe, seit ich diese Übung verordne, kehren tatsächlich ca. 30 % meiner Verhandlungstrainees mit besseren Einkaufsergebnissen zurück. Aber nicht, weil die Dame oder der Herr an der Kasse einen Rabatt geben konnte, sondern weil sie auf die Frage reagiert und meinen Verhandlungstrainees Informationen gegeben hatten, wo es günstigere Varianten gibt, welche Produkte gerade in Aktion sind oder wann zu diesem Produkt besondere Promotionen starten.

60 % geben zu, die Übung nicht gemacht zu haben. Den Hauptgrund gibt die folgende Aussage wieder: »Ich habe mich unwohl gefühlt.« Interessant ist, dass die Mehrheit bei dieser Übung eine psychologische Barriere hat, die Frage nach Prozenten an der Supermarktkasse zu stellen. Auch Trainees, die bei der Übung erfolgreich waren, gaben zu, dass es ihnen unangenehm war; zum einen, weil ihnen die Fachkraft an der Kasse leid tat, zum anderen aufgrund der Vorstellung, was die anderen in der Warteschlange von ihnen halten mögen.

2.3.4 Verhandeln ist Handeln in eigener Sache

Für viele ist in diesem Zusammenhang eine kleine Rechnung spannend, die ich Ihnen hier anbieten möchte:

1. Definieren Sie Ihr frei verfügbares Einkommen. Das ist Ihr Nettoeinkommen abzüglich aller Fixkosten wie Wohnung, Mobilität, Versicherungen, kontinuierlicher Haushaltsbedarf etc.
2. Überlegen Sie, was Sie gewinnen können, wenn Sie bei Ihren variablen Ausgaben durch konsequentes Verhandeln 10 % einsparen.
3. Berechnen Sie, was das für Ihr frei verfügbares Einkommen bedeutet.

Und hier das statistisch orientierte Beispiel zur Frage, was konsequentes Verhandeln im privaten Bereich bringen kann: In Deutschland bleiben nur 50 % der Einkommensempfänger mehr als 500 Euro übrig.[16] Die monatlichen Konsumausgaben liegen im Durchschnitt bei 2.574 Euro.[17] Wenn nun die privaten Einkaufsprofis statt 10 % nur 5 % über die gesamten Konsumausgaben durch bessere Preise und nicht durch Nichtkauf sparen, dann sind das bei 2.574 Euro in Summe 128,70 Euro. Nicht der Rede wert? Nun, immerhin bedeutet das eine Steigerung des privat verfügbaren Einkommens um 25 %. Das sollte deutlich machen, dass es sich lohnt, Verhandeln zur allgemeinen Lebensgewohnheit zu machen.

16 Quelle: Statista, https://de.statista.com/statistik/daten/studie/264168/umfrage/deutschland-monatlicher-finanzieller-spielraum-frei-verfuegbares-einkommen/.

17 Quelle: Statista, https://de.statista.com/statistik/daten/studie/164774/umfrage/konsumausgaben-private-haushalte/.

NO
Negotiations

2.4 Je härter das Thema, umso wichtiger die Beziehung

Roger Fisher und William Ury haben es 1981 in ihrem längst zum weltweiten Bestseller avancierten Buch »Getting to Yes« beschrieben. Sei hart in der Sache und weich zur Person. Oder wie ich es lieber definiere: Sei gewinnend zur Person und linear in der Sache. Denn am Anfang steht die Beziehung und nicht die Sache.

Hinter dieser Regel steckt noch viel mehr, als es auf den ersten Blick scheint, was sich durch eine ganz einfache Frage zeigen lässt. Kommen Sie einer Bitte, die für Sie Aufwand bedeutet, eher nach, wenn Sie jemand freundlich und empathisch bittet oder wenn Sie jemand (im Rahmen des rechtlich Erlaubten) bedrängt? Vermutlich sind die Chancen höher, wenn sich jemand freundlich und wertschätzend zu Ihnen verhält.

Und gleich die zweite Frage: Zwei Personen vertreten unterschiedliche Ansichten und untermauern diese mit Argumenten. Person A hat zwar inhaltlich unrecht, ist Ihnen aber lange vertraut und sehr sympathisch, Person B hat inhaltlich recht, liegt Ihnen menschlich aber nicht. Was tut sich da bei Ihnen?

Tendieren Sie dazu, noch Argumente zu finden, die doch Person A (Ihnen sympathisch) recht geben könnte? Suchen Sie nach einem »Ja, aber«, mit dem Sie die Argumentation von Person B (Ihnen unsympathisch) zumindest schwächen könnten? Oder können Sie persönliche Befindlichkeiten so weit zurückstellen, dass Sie ohne emotionalen Aufwand sagen können: »Ganz klar, B hat recht!« Wenn Sie das können, gelingt Ihnen etwas, was der überwiegenden Mehrheit aller Menschen nicht gelingt: das völlige Ausblenden der Beziehungswirkung.

Die erlebte und beobachtete Praxis sieht so aus: Je polarisierter, je schwieriger die Themen werden, je mehr Widersprüche die Verhandlungsparteien zu überwinden haben, umso eher kommt es zu Verhärtungen in der Beziehung. Da werden dann Bedrohungsszenarien aufgebaut, die persönliche Wirkung entfalten und die Gegenseite schwächen sollen. Aber auch hier wieder die Frage: Was machen Sie, was macht jeder Mensch, wenn er bedroht wird? Vermutlich werden Sie die eigene Verteidigungsposition stärken, unnahbarer werden, um die eigene Pfründe besser verteidigen zu können.

Angriff ist nur die beste Verteidigung, wenn man Krieg will.

Einer der wirklich dummen Sprüche lehrt: »Angriff ist die beste Verteidigung.« Das mag sein, wenn man in einem geistigen Konzept lebt, das Kooperation ausschließt und in allem den Kriegszustand sucht. Aber eine Verhandlung zielt auf einen Zustand der wechselseitigen Zustimmung, im Idealfall einen Konsens, zumindest einen Kompromiss, der für alle Beteiligten besser ist, als keine Lösung zu haben. So wird vielleicht nicht der allerbeste, sondern nur ein guter Preis erzielt, aber dafür ein nachhaltig zufriedener Kunde gewonnen. Schließlich lautet der Titel des Verhandlungsklassikers »Getting to Yes« und nicht »Fighting for Yes«.

Wer also Drohszenarien aufbaut, kann das tun, sollte aber damit rechnen, dass die Bedrohten versuchen werden, sich und ihre Position zu stärken. Meine Frage an die Verhandler ist dann: Wollen Sie das? Wollen Sie, dass sich Ihre Verhandlungspartner gegen Sie rüsten? Die wenig erstaunliche Antwort ist dann meistens »Nein«.

Wer mit Menschen verhandelt, braucht die Beziehung als Basis.

»Aber das ist doch ein Widerspruch, Herr Keil! Einerseits soll man durchsetzungsstark verhandeln, anderseits wollen Sie uns weismachen, dass es hauptsächlich um Empathie und Liebsein geht!« Das höre ich häufig, wenn es um dieses Prinzip geht. Tatsächlich scheint es ein Widerspruch zu sein, vor allem, wenn man aus den alten Schulen der harten Verhandlungslehre kommt. Ich kann mich noch gut erinnern, als mir der Chefeinkäufer eines Retailers (Großhändlers) stolz seine Verhandlungskammern zeigte, die er liebevoll »Folterkammern« nannte. Ungemütliche, graue und unausgestattete schmale Kammern, in denen der Retailkonzerns die uncharmante Kehrseite seiner Allmacht zeigte. »Und wenn die Lieferanten uns verlassen, dann schauen wir noch beim Fenster runter, ob die wohl ja nicht lachen. Wenn das passiert, rufen wir gleich an und verhandeln nach, denn die verbindliche Unterschrift kommt erst am nächsten Tag.«

Natürlich kann man es als Quasi-Monopolist in einer Machtposition so machen. Die unerwünschten Nebenwirkungen sind eine hohe Lieferantenfluktuation, Qualitätsthemen und das Bestreben, möglichst bald unabhängig zu sein.

Wenn Sie an die wesentlichen Methoden denken, jemanden zu einer Handlung zu bringen, fallen mir drei ein: Druck, Bestechung und Überzeugung. Wenn es um durchsetzungsstarkes Verhandeln geht, ist die Frage, wie Sie es linear und konsequent schaffen, andere zu überzeugen. Die Durchsetzungsstärke braucht man dabei meist für sich, um konsequent detaillierte Vorbereitungen für Verhandlungen zu leisten, um konsequent freundlich zu bleiben, um bei Abweichungen und Schwierigkeiten ebenso einen freundlichen und kühlen Kopf zu bewahren und konsequent nach Alternativen zu suchen. All das sind wesentliche Zutaten für das gelungene Rezept des durchsetzungsstarken Verhandelns.

3 Das Next-Level-Negotiation-Modell

Seit mehr als 20 Jahren setze ich mich intensiv mit der Frage auseinander, wie ich Menschen dabei unterstützen kann, ihre Verhandlungsstärke zu entwickeln. Noch unterschiedlicher als die Themen, mit denen ich im Laufe dieser Zeit zu tun hatte, waren die Verhandlungspersönlichkeiten.

Jeder hatte eigene Stärken und Entwicklungsfelder. Dabei schienen mir Begriffe wie »professionell Verhandeln« nicht zutreffend, denn die meisten, mit denen ich zu tun hatte, waren auf ihre Art Verhandlungsprofis, und wenn es darum ging, die eigene Verhandlungsstärke nochmals zu steigern, war es für jede und jeden Einzelnen die nächste Stufe.

Also nannte ich das Programm und die Methode: Next Level. Das gilt auch für mich. So sitze ich selber jedes Jahr mehrere Tage in Weiterbildungen und suche nach neuen Wegen, Ergänzungen, Tools und Methoden, um das System zu entwickeln. Das ist dann der Next Level des Next-Level-Negotiation-Ansatzes (kurz NLN-Modell).

3.1 Kein Tag ohne Verhandlungen

Tatsächlich höre ich zu Beginn der NLN-Streams[18] immer wieder: »Ich verhandle ja nie, ich bin nicht im Einkauf und auch nicht im Verkauf.« Dann folgt die Frage: Gibt es zuliefernde oder leistungsempfangende Abteilungen, mit denen Sie kooperieren? Läuft da immer alles glatt? Gibt es da nie Konflikte? Die Antwort ist immer Ja.

Da haben wir sie schon, die Verhandlungen. Sie heißen halt nicht so. Stattdessen werden sie dann Kooperations- oder Schnittstellengespräche, Leistungsabgrenzungen etc. genannt. Auch die meisten Führungsgespräche heißen nicht Verhandlungen, entsprechen aber in vielen Segmenten einer Verhandlung.

Selbst die Erziehung unserer vier Kinder bestand und besteht zu großen Teilen aus verhandlungsähnlichen Sequenzen. Klar, hin und wieder gibt es auch klare Ansagen wie Anordnungen oder Aufträge. Das schließt aber nicht aus, dass es danach wieder Anpassungsdiskussionen geben kann, die wiederum nichts anderes als Verhandlungen sind.

Was in allen diesen Situationen gleich ist und was sich alle wünschen, die darin verwickelt sind, sind gute Ergebnisse.

18 Die NLN-Streams sind modulare Entwicklungsprogramme nach dem Next-Level-Negotiation-Modell. Meist im Blended-Learning-Verfahren, in Intervallen von ein bis zwei Wochen, um die Übungsinhalte wirksam einsetzen zu können.

3.2 Was bedeutet »gutes Ergebnis«?

Prof. Jared R. Curhan[19], Professor am MIT Sloan, betreut unter anderem Forschungsgruppen zum Thema Verhandeln. Ihm ist die Unterscheidung der Ergebnisse in »Objective Value« und »Subjective Value« zu verdanken. Hier die Zusammenfassung zum Ergebnis seiner Studie in der Präambel:

> »Eine Studie über zwei Verhandlungsrunden hat gezeigt, dass positive Gefühle, die aus einer Verhandlung resultieren, in einer zweiten Verhandlung wirtschaftlich lohnend sein können. Verhandlungsführer, die in der ersten Runde einen höheren subjektiven Wert (SV) erlebten, d. h. soziale, wahrnehmungsbezogene und emotionale Ergebnisse einer Verhandlung, erzielten in der zweiten Runde eine bessere individuelle und gemeinsame objektive Verhandlungsleistung, selbst wenn die wirtschaftlichen Ergebnisse der ersten Runde kontrolliert wurden. Darüber hinaus sagte der SV der Runde 1 den Wunsch voraus, erneut mit demselben Verhandlungspartner zu verhandeln, während die objektive Verhandlungsleistung keinen solchen Zusammenhang aufwies. Insgesamt deuten die Ergebnisse darauf hin, dass positive Gefühle und nicht nur positive Ergebnisse den zukünftigen wirtschaftlichen Erfolg hervorrufen können.«[20]

Denken Sie nun an eine Ihrer letzten Verhandlungen, in denen Sie einen guten Erfolg erzielt hatten und bei denen es sehr wahrscheinlich ist, dass Sie mit dieser Person oder diesen Personen wieder verhandeln werden. Wie beurteilen Sie den objektiven Wert Ihrer Verhandlungspartner? Wie den subjektiven Wert?

Welche Auswirkungen, meinen Sie, wird Ihre Beurteilung auf die nächste Verhandlung haben? Werden Ihre Informationen eher offen und objektiv aufgenommen werden oder werden Sie eher mit Ablehnung konfrontiert werden? Was bedeutet das für die nächste herausfordernde Verhandlungssituation, die Ihnen bevorsteht? Würden Sie – mit diesem Wissen ausgestattet – Ihre Vorbereitungen anders treffen? Würden Sie vor allem in Härtesituationen anders vorgehen?

Möglicherweise machen Sie es ohnedies schon intuitiv richtig, denn Jared Curhan hat mit seinem Team nachweisen können, was der gesunde Menschenverstand seit Langem sagt: »Wie man in den Wald hineinruft, so tönt es zurück.«

---

19 Vgl. https://mitsloan.mit.edu/faculty/directory/jared-r-curhan.

20 Vgl. https://web.mit.edu/curhan/www/docs/Publications/Curhan_Objective_Value_of_Subjective_Value.pdf, Übersetzung des Zitats ins Deutsche: Gunhard Keil.

3.3 Die Verhandlungsformel

Ein wenig Prognose schadet nicht, vor allem wenn es bei der Vorbereitung einer Verhandlung zumindest teilweise um bekannte oder einschätzbare Größen geht, die einen Einfluss auf das Ergebnis haben

3.3.1 Rahmenbedingungen

> Die Poleposition liefert gute Rahmenbedingungen am Start, bedeutet aber noch nicht den Sieg.

Es macht einen Unterschied für eine Einkaufsverhandlung, ob es nur einen Supplier, zwei oder sehr viele gibt. Ebenso die momentane Situation des Unternehmens: Sind die Auftragsbücher übervoll oder braucht es dringend neue Aufträge, um die Maschinen auszulasten?

Diese Grundvoraussetzungen können einen starken Einfluss auf den Verlauf der Verhandlung haben, vor allem wenn sich die Verhandlungsführer mit der schlechteren Ausgangssituation innerlich nicht von dieser befreien und sie die momentane Verhandlung isoliert von der Unternehmenssituation betrachten können. Doch dazu später.

3.3.2 Zahlen, Daten, Fakten

> Fakten sind nur dann wirksam, wenn sie bekannt und relevant sind.

Bei einem Bieterverfahren für IT-Dienstleistungen, um den Betrieb sicherzustellen, bietet Firma A die Stunde um 116 Euro, Firma B im gleichen Qualifikationslevel um 108 Euro an. Wenn es keine zusätzlichen darstellbaren und messbaren Fakten gibt, hat Firma B zumindest beim Preis die Nase vorne.

Vielleicht ist aber auch relevant, wie groß das Unternehmen ist, um die Liefersicherheit darstellen zu können. Da könnte das Verhältnis wieder kippen, wenn Firma B an zu vielen Stellen ein Key-Person-Risiko hat und im Falle eines Personalwechsels die Fortführung nicht sicherstellen kann.

Was bei den Zahlen, Daten und Fakten jedoch hinzukommt, ist der Umstand, dass diese unterschiedlich gewichtet werden können. Je nach subjektiver Priorisierung kann der Preis oder die Verfügbarkeit wichtiger sein. Oder ganz etwas anderes, zum Beispiel die Nähe zum Kunden …

3.3.3 Die Vorbereitung der Verhandlung

Was man in der Vorbereitung ausgelassen hat, kann man in der Verhandlung nicht mehr einholen.

Nach meiner Erfahrung gibt es bezüglich der Zahlen, Daten und Fakten nur selten Verhandelnde, die sich diesbezüglich nicht vorbereitet haben. Das ist aber nur ein kleiner Teil der Vorbereitung. Bei Verhandlungen geht es im weiteren Verlauf weniger um das Was als um das Wie. Daher ist das Zusammentragen von relevanten Informationen nur der erste Teil der Arbeit. Im weiteren Verlauf geht es darum, die Historie nochmals aufzuarbeiten, um den inhaltlichen Verlauf präsent zu haben, aber auch, um das Beziehungskonto zu kennen: Wird es eine konstruktive oder eine angespannte Situation zwischen den Verhandelnden geben?

Der **kommerzielle Rahmen** ist ebenso entscheidend: Wie viel Verhandlungsspielraum gibt es überhaupt. Auch hier habe ich erlebt, dass in der Vorbereitung der Preisberechnung kein Spielraum gelassen wurde. Das kommt dann einem Preisdiktat gleich bzw. dadurch kann es leicht dazu führen, dass es eben keinen Lösungsraum für die Verhandlung gibt.

Schließlich das **Profiling**: Mit wem habe ich es zu tun, was sind die Soft Spots, was sind die Treiber, die Motivatoren meiner Verhandlungspartner? Je besser die Verhandlungsstrategie auf die Persönlichkeiten ausgerichtet ist, umso bessere Ergebnisse im Sinne von subjektivem und objektivem Wert sind möglich.

Der Aufbau der Storyline: Eine Verhandlung ist wie eine Geschichte, die man gemeinsam erzählt und bei der derjenige die Nase vorne hat, dessen Aufbau schlüssiger ist.

Die Vorbereitung ist entscheidend für den Verhandlungserfolg. Deswegen ist ihren einzelnen Bausteinen ein ausgiebiges Kapitel gewidmet (vgl. Kapitel 4).

3.3.4 Die Verhandlungspersönlichkeit

Wenn es nur um Fakten ginge, könnte man Computern das Verhandeln überlassen.

Das ist der Grund, warum ein Teil der NLN-Programme der Stärkung der Verhandlungspersönlichkeit gewidmet ist. Während die Rahmenbedingungen und die relevanten Fakten gegeben sind, die Vorbereitung je nach persönlicher Disziplin noch im geschützten Rahmen stattfinden kann und im Wesentlichen ein analytischer Aufwand ist, geht es bei der **Entwicklung der eigenen durchsetzungsstarken Verhandlungspersönlichkeit** um das Lernen und Anwenden von Verhandlungstools sowie um die Stärkung persönlicher Eigenschaften wie Resilienz, Beziehungsmanagement (bei gleichzeitiger Beziehungsunabhängigkeit) und Verhandlungssouveränität. Diese ambidextrischen Fähigkeiten werden in Kapitel 8.3 ausführlich beschrieben.

PERSÖNLICHE
VERHANDLUNGS
STÄRKE:
SKILLS
UND
PERSÖNLICHKEIT
DIE
VORBEREITUNG
ZAHLEN
DATEN
FAKTEN
RAHMEN-
-BEDINGUNGEN
PERSÖNLICHE
VERHANDLUNGS
STÄRKE
SKILLS UND
PERSÖNLICHKEIT
DIE
VORBEREITUNG
ZAHLEN
DATEN
FAKTEN
RAHMEN-
-BEDINGUNGEN

4 Der Weg zum Erfolg – Entwicklung einer Verhandlungsstrategie

Previous Preparation Prevents Poor Performance
Diese fünf Ps sind die PS für Verhandlungen, die man jedenfalls selbst in der Hand hat. Aus diesem Grund habe ich eine strukturierte Anleitung entwickelt, die Sie auch bei den digitalen Extras zum Buch auf mybook.haufe.de finden und die Ihnen hilft, Ihre erfolgsrelevanten Verhandlungen zielgerichtet und umfassend vorzubereiten. Ich verwende diese Anleitung selbst, wenn wir gemeinsam mit meinen Auftraggebern hochwertige Verhandlungen vorbereiten, um das Beste herauszuholen. Der Abschluss ist dann allerdings nicht das Papier bzw. Dokument, sondern das Drillen – nicht Üben – das Drillen des Delivery. Damit ist gemeint, wie die Verhandelnden die vorbereitete Verhandlungsstrategie auch tatsächlich in der Verhandlung umsetzen.

Eine perfekte Vorbereitungsunterlage ist wie ein perfekter Architekturplan – ob das Haus dann tatsächlich hält, was es auf dem Plan versprochen hat, zeigt sich mit der Qualität der handwerklichen Ausführung. Möglicherweise werden einige hier enttäuscht das Buch zuschlagen. Schon wieder keine Zauberformel, so ein 1-2-3-und-alles-wird-gut-Buch. Schon wieder bedeutet das Arbeit, Zeit und Mühe. Ja.

Aber: Die Mühe lohnt sich und selten ist der Return on Invest so gut verzinst, wie bei einer durchgängigen und disziplinierten Vorbereitung auf Ihre wichtigen Verhandlungen.

4.1 Die Bedeutung der Verhandlung

Nicht jede Verhandlung hat die gleiche Bedeutung, was sich auf die eingesetzten Ressourcen wie Zeit, Intensität der Vorbereitung und Auswahl der teilnehmenden Personen bezieht. Die Kriterien können Sie nur für Ihren Case oder auch – hypothetisch – für die Verhandlungspartner auf der anderen Seite beantworten. Beides hilft Ihnen, das Verhandlungssetting einzugrenzen

Nr.	Kriterien	Erläuterung
1	Erfolgsrelevante Verhandlungssituation	Wiederkehrend: Wie oft kann diese oder eine ähnliche Situation auf Sie zukommen? Erfolgskritisch für den eigenen Verantwortungsbereich: Was macht diese Verhandlung für Sie erfolgskritisch (Auflistung von Gründen)?

Nr.	Kriterien	Erläuterung
2	Wirtschaftliche Bedeutung	Begründung der wirtschaftlichen Bedeutung dieser Verhandlung in Geldwerten: Wie hoch ist die Varianz in dieser Situation?
2a	Best-Case-Szenario	Beschreiben Sie in kurzen Worten den Best Case. Bewerten Sie den Best Case in seinen wirtschaftlichen Auswirkungen in Euro und Prozent.
2b	Worst-Case-Szenario	Beschreiben Sie in kurzen Worten den Worst Case. Bewerten Sie den Worst Case in seinen wirtschaftlichen Auswirkungen in Euro und Prozent.
3	Persönlicher Einfluss	Beschreiben Sie Ihren Einfluss auf das Verhandlungsergebnis.
4	Mehrere involvierte Stakeholder	Aufzählen der diversen Anspruchsgruppen/Personen und Funktionen, die betroffen sind.

Tab. 2: Beurteilung des Verhandlungssettings

Auswirkungsbereiche einer Verhandlung

Ein weiterer Ansatz zur Beurteilung des Verhandlungssettings orientiert sich an drei Auswirkungsbereichen einer Verhandlung, die hier erklärt sind:

1. Strategische Auswirkungen

Überlegen Sie, auf welche strategischen Felder oder Stoßrichtungen ein positives oder negatives Verhandlungsergebnis Auswirkungen hat. Je bedeutender das Thema, umso massiver wird sich der Verhandlungspartner aufstellen. Manchmal kann die Nennung der Verhandlungspartner Aufschluss darüber geben, wenn zum Beispiel plötzlich Teilnehmer genannt werden, die aufgrund von Hierarchie oder Funktion normalerweise erst bei Eskalationen involviert werden.

2. Wirtschaftliche Auswirkungen

Zu diesem Auswirkungsbereich stelle ich gerne folgende Rechnung an: Entweder ich weiß aufgrund der Marktsituation und vergleichbaren Unternehmen, mit welchen Margen oder Aufschlägen die Verhandlungspartner rechnen, oder ich nehme einfach veröffentlichte Jahresberichte als Grundlage, um den möglichen wirtschaftlichen Verhandlungsrahmen ableiten zu können. Oder Sie kennen bereits das typische Vorgehen auf der Seite Ihres Verhandlungspartners – bei einem Großkonzern im weiteren Umfeld der automotiven Industrie ist der Standard, den die Einkäufer vorgeschrieben bekommen, 3 %. Wenn solche üblichen Vorgehensweisen bekannt sind, kann man sich darauf entsprechend vorbereiten und die Sollbruchstellen schon mal einplanen.

3. Persönliche Auswirkungen

Wir kommen etwas später beim Profiling nochmals ausführlicher darauf zu sprechen: Jede Verhandlung hat für die Verhandlungspartner eine entsprechende Bedeutung. Bei einer Lieferantenverhandlung, in der es darum ging, die Verpackungsgrößen zu optimieren – eine strategisch vergleichsweise unbedeutende Nebenverhandlung –, zeigte sich der Verhandlungspartner äußerst kritisch und kam immer wieder mit unangemessenen Aufpreisforderungen für die Änderung der Packungsgrößen an den Verhandlungstisch. Ein Blick in das LinkedIn-Profil zeigte eine rasche Karriereentwicklung zu Beginn der Berufslaufbahn und seit drei Jahren eine Stagnation. Zusätzlich stand im Profil zu lesen: Offen für neue Herausforderungen. Damit war klar, dass es diesem Verhandlungspartner wahrscheinlich weniger um die Sache als um Erfolge ging, also darum, den nächsten Karriereschritt zu begünstigen.

Die folgende Tabelle hilft Ihnen, etwas mehr Klarheit für das grundsätzliche Verhandlungssetting zu bekommen, vor allem wenn es zu ungleichen Motivationslagen in den Kategorien kommt.

Meine Empfehlung: Denken Sie an eine anstehende Verhandlung und füllen Sie die folgende Tabelle aus. Ich bin sicher, dass Sie einige Ansatzpunkte herausarbeiten können, um festzustellen, welche Dynamiken wirksam werden. Eine weitere Vorlage zur Vorbereitung eines Verhandlungsteams finden Sie bei den digitalen Extras auf mybook.haufe.de.

Kategorie	Verhandlungspartner	Meine Seite
Strategische Auswirkung		
Wirtschaftliche Auswirkung		
Persönliche Bedeutung		

Tab. 3: Vorbereitung auf das Verhandlungssetting (Vorlage)

Im folgenden Abschnitt werden die einzelnen Verhandlungssequenzen vorgestellt und Sie erfahren, welche Verhaltensweisen dabei konkret gefragt sind:

4.2 Die Ausgangssituation – was bisher geschah

Fast jede Verhandlung hat eine Vorgeschichte. Über 80 % aller wirtschaftlichen Verhandlungssituationen stellen eine Episode in einer Serie dar. Das bedeutet, dass alles, was bisher geschah, eine Bedeutung für die nun anstehende Verhandlungssequenz haben wird. Selbst wenn es eine komplett neue Verhandlungssituation ist, ist dieser irgendetwas vorausgegangen. Das kann ein Request for Proposal, eine Akquisitionshistorie oder auch etwas ganz anderes sein.

Wenn Sie ein CRM-System oder ein Lieferanten-Management-System im Einsatz haben, gibt es inzwischen viele, die die Historie komplett darstellen. Was die meisten mir bekannten Systeme nicht können, ist die Darstellung auf einer Seite mit der Möglichkeit, auch die Qualität der Emotionalität mit aufzunehmen und darzustellen, so wie beim *Subjective* und *Objective Value* in Kapitel 3.2 beschrieben.

4.2.1 Fördernde und hinderliche Erfahrungen

Ich empfehle, bei wichtigen Verhandlungsserien, ungeachtet der Informationen, die Sie in Ihrem CRM-System hinterlegt haben, noch eine einfache Tabelle als Überblick zu verwenden. Das funktioniert so:

- Stellen Sie hier kurz und in Stichworten die wesentlichen Ereignisse dar, die Sie mit dem Kunden hatten.
- Machen Sie deutlich, ob das Kapitel der Vorgeschichte **fördernd** (in grün formatiert) oder **behindernd** (in rot formatiert) für die aktuelle Situation ist.
- Kritische Situationen könnte der Kunde in der Verhandlung einwenden (= behindernd).
- Positive Situationen, Mehrleistungen, besondere Unterstützungen etc. können Sie als unterstützende Argumente in der Verhandlung einbringen (= fördernd).
- Datumsangaben, Zeitbezug, Ort und Namen erhöhen die Wirkung des Arguments. Diese Daten sollten Sie daher dringend angeben.

Hier ein Beispiel, wie eine **Darstellung der Historie einer Verhandlung** aussehen kann. Auf Details wird verzichtet, nur wesentliche Punkte werden aufgenommen und machen deutlich, dass die weiteren Verhandlungen in diesem Case so lange schwierig bleiben, bis die Verantwortlichen auch abgeholt sind.

Nr	Kapitel/Datum	Erläuterung
1	**23.4.2021**	*Anfrage – Briefing und erster Kontakt mit AG*
2	**2.5.2021**	***Expertengespräch, Einbindung Fachabteilung Recruiting. Einwand Recruiter bzgl Zweifel über Funktionalität***
3	**12.5.2021**	***Folgetermin** Proof of Concept: CEO und CHRO überzeugt, **diese ordnen AL Recruiting Probelauf mit 5 Funktionen an***
4	**15.5.2021**	***Erstgespräch mit Recruitingteam – Einwände nochmals abgesammelt, persönliche Vorbehalte abgeholt noch immer Skepsis***
5		
6		
7		
8		

Abb. 1: Darstellung der Vorgeschichte und Historie einer Verhandlung

4.2.2 Die Tendenzanalyse

In dem bereits vorgestellten umfangreichen Projekt des Verkehrsunternehmens in Verhandlung mit einem erzeugenden Industrieunternehmen hatten die zunehmenden technischen und damit verbundenen kommerziellen Schwierigkeiten vor allem auf der Lieferantenseite zu Verhärtungen geführt. Das wurde durch den »Farbwechsel« mehrheitlich grün zu durchgängig rot auch visuell klar. Damit einher ging die Verhärtung auf der Beziehungsseite, da vor allem die technischen Experten zunehmend die Differenzen persönlich nahmen und es zu unerfreulichen Sequenzen auf beiden Seiten kam. Damit wurde aufgrund der Tendenzanalyse klar, dass es entweder zu einer Eskalation kommt – Führungskräfte der nächsten Ebene waren bereits involviert – oder man die Verhandlungsstrategie anpassen musste.

Wir haben uns im nächsten Schritt für den zweiten Weg entschieden und statt des nächsten inhaltlichen Termins, bei dem die fachlichen Differenzen nur noch stärker hervorgetreten wären, zu einem Mediationstermin eingeladen, wo es nur um die Befindlichkeiten, Sorgen und Ängste ging, die inzwischen zusätzlich zu den technischen Schwierigkeiten die Zusammenarbeit und damit die Verhandlungsführung nachhaltig erschwert hatten.

Tatsächlich hatte sich die Investition in die Beziehung gelohnt. Die fachlichen Schwierigkeiten waren damit nicht aus dem Weg geräumt, aber die Gespräche waren für die nächste Zeit weniger belastend, und statt »Ja, aber«-Orgien gab es die Bereitschaft beider Seiten, einmal zuzuhören und die Inhalte auch aufzunehmen, statt sie von vornherein abzulehnen.

Fazit: Tendenzanalyse klingt aufwendig, ist es aber nicht. Denn Sie können mit einem Blick erkennen: Wenn alles grün ist, ist alles bestens. Wenn die Einträge zusehends rot werden, gibt es die Empfehlung, auf die Beziehung zu achten und den Subjective Value wieder zu pflegen. So schaffen Sie einen besseren Startpunkt für die nächste Verhandlungssequenz.

4.3 Themen, Ziele und Bedürfnisse

Wir sind wieder bei dem Beispiel der Garnituren für das Verkehrsunternehmen, welche noch immer nicht für den Einsatz bereit stehen. Das **Thema** ist klar: Wann sind die Garnituren zu welchem Preis einsatzbereit? Die **Ziele** der Verhandlungspartner auch – weitgehend. Die Käuferseite hat als Ziel, die Garnituren einzusetzen, da das Unternehmen wiederum in einer Vertragssituation ist, die sie dazu verpflichtet, Mobilitätsleistungen in einem gewissen Umfang sicherzustellen. »Tut mir leid, keine Züge« wird als Ausrede, aber nicht als leistungsbefreiende Begründung gesehen und hat daher unangenehme Auswirkungen.

Die Verkäuferseite wiederum hat das **Ziel**, die Produktion und Auslieferung der Garnituren als profitables Projekt und ohne Zahlung von Vertragsstrafen oder anderen Lästigkeiten vergleichbarer Art so abzuwickeln, dass am Ende der größte Profit herausspringt. Wie viel in Prozent bleibt unbekannt.

Bei den **Bedürfnissen** wird die Lage differenzierter und unübersichtlicher, denn diese hängen vom Thema, dem Unternehmensziel, den Abteilungszielen und den ganz persönlichen Zielen ab.

Hier eine tabellarische Auflistung von Thema, Zielen und Bedürfnissen dieser beispielhaften Verhandlung:

	Verkäufer	Käufer
Thema	termintreue Lieferung der Garnituren	Lieferung der Garnituren
Unternehmensziel	zeitnaher Einsatz der Garnituren	profitabler Projektabschluss Erreichen der Margentargets
Abteilungsziel(e)	**Vorstand:** Vertragstreue durch Bereitstellung der Mobilitätsdienstleistung **Projektleitung:** Einhalten der Projekt-KPIs **Technik:** qualitative und einwandfreie Abwicklung, Absicherung gegenüber dem Vorstand	**Vorstand:** finanzielle erfolgreiches Reputationsprojekt **Projektleitung:** Einhalten der Projekt-KPIs **Technik:** fehlerfreie und ärgerfreie Lieferung an Kundensystem
Individuelle Ziele (Beispiele)	**Vorstand:** Vertragsverlängerung **Projektleiter:** Karrierechance für nächsten Schritt nutzen **Techniker:** Freiraum für die anderen laufenden Projekte	**Vorstand:** Stärkung gegenüber dem Mutterunternehmen **Projektleiter:** Absicherung seines Jobs, Übergang in die Pensionierung ohne Ärger **Techniker:** Abschluss des Projekts, um für neue Aufgaben frei zu sein
Persönliche Bedürfnisse	**Vorstand:** Anerkennung in seinem sozialen Umfeld, Aufmerksamkeit **Projektleiter:** endlich wieder mehr Freizeit für Hobbys	**Vorstand:** Ehrgeiz für weitere Karriere und weitere finanzielle Besserstellung **Projektleiter:** ruhige Nächte

Tab. 4: Thema, Ziele und Bedürfnisse einer Verhandlung (Beispiel)

Aus dem Beispiel in Tabelle 4 wird klar, dass es nicht nur auf Käufer- und Verkäuferseite Unterschiede gibt, sondern auch innerhalb der beiden Gruppen, je nach Ebene, Funktion und persönlicher Situation.

4.3.1 Trennen von Zielen und Bedürfnissen

Im bereits mehrfach zitierten Buch »Getting to Yes« (dt. »Das Havard-Konzept«) schreiben die Autoren Roger Fisher und William Ury von der konsequenten Trennung von Position und Interesse, wobei Interesse als das definiert wird, was hinter dem beschriebenen Ziel steht.

Um Verwechslungen vorzubeugen, nenne ich dies das Bedürfnis hinter dem Ziel, um klar zu machen, dass hinter jedem Ziel ein objektiver und ein subjektiver Gewinn steht. Das lässt sich an einem persönlichen Beispiel von mir recht einfach erklären. Mein Ziel ist es, bis Ende des Jahres 7 kg abzunehmen. Einwandfrei formuliert. Spezifisch, durch eine Waage objektiv messbar und mit einem konkreten Datum versehen, auch der Verantwortliche ist eindeutig definiert, das bin ich. Allerdings sagt das wenig über das dahinterliegende Bedürfnis aus. Geht es mir um Gesundheit? Geht es um Eitelkeit? Oder bin ich nur sparsam und möchte kein Geld für neue Anzüge ausgeben?

Wenn nun jemand mit mir darüber verhandeln möchte, ob ich vielleicht doch noch etwas essen oder doch lieber fasten will, und sich dabei ausschließlich auf das Ziel minus 7 kg konzentriert, entwickelt das nur sehr geringe Attraktivität. Wenn nun der falsche Motivator adressiert wird, gibt es sogar Widerstand in Form eines klaren Neins.

Und wieder eine kurze Reflexion für Sie: Denken Sie an eine konkrete Verhandlungssituation und an Ihr Ziel, das Sie formuliert haben. Was sind die Messgrößen Ihres Ziels? Woran erkennen Sie, dass Sie Ihr Verhandlungsziel erreicht haben? Und nun die spannende Frage: Wozu? Was bringt es Ihnen persönlich? Was ist Ihr persönlicher Antrieb, weswegen Sie genau dieses Verhandlungsziel »einfahren« möchten?

Vermutlich werden Sie zustimmen, wenn ich sage: Das Ziel gibt die Richtung, das Bedürfnis den Schwung.

4.3.2 Die Zielpyramide des Verhandlungspartners

Warum sollten Sie mit den Zielen des Verhandlungspartners in der Vorbereitung beginnen? Das ist eine berechtigte Frage. Nun, ich gehe davon aus, dass Sie weitgehend Klarheit über Ihre Ziele haben. Wenn Sie gleich zu Beginn eine intensive Analyse und Arbeit zu Ihren Themen starten, rückt das System des Verhandlungspartners noch weiter weg. Die Gefahr der Anonymisierung steigt. Daher empfehle ich, vor der Beschäftigung mit den eigenen Zielen mit denen der Kontrahenten zu beginnen.

Besonders gut funktioniert das im Team mit unterschiedlichen Personen und Vertretern von Funktionsgruppen, die mit dem Unternehmen und damit Personen des Verhandlungspartners zu tun haben. Wir nutzen dafür gerne elektronische Whiteboards, mit denen sich das schnell und unkompliziert auch auf Distanz bearbeiten lässt.

Und so gehen Sie vor:

- Schreiben Sie in die blauen Felder die vermuteten Ziele Ihres Verhandlungspartners: messbare oder direkt vergleichbare Größen, Zeitpunkt und Bezugsgröße (z. B. Umsatzsteigerung um 15 % bis zum TT.MM.JJJJ).
- Bei den Bedürfnissen schreiben Sie bitte in kurzen Stichworten, worum es Ihrem Verhandlungspartner im Wesentlichen geht (Steigerung der Profitabilität, Geschäftsausweitung oder Kostensenkung, Flexibilität etc.). Besonders spannend wird es, wenn dahinter individuelle persönliche Bedürfnisse wie Karriereziele, Absicherungen oder andere Wünsche oder Ängste stehen.
- Wie hängen diese Verhandlungsziele mit weiteren Zielsetzungen zusammen? Welche Verbindungen zu anderen Themen und welche Auswirkungen auf diese gibt es?

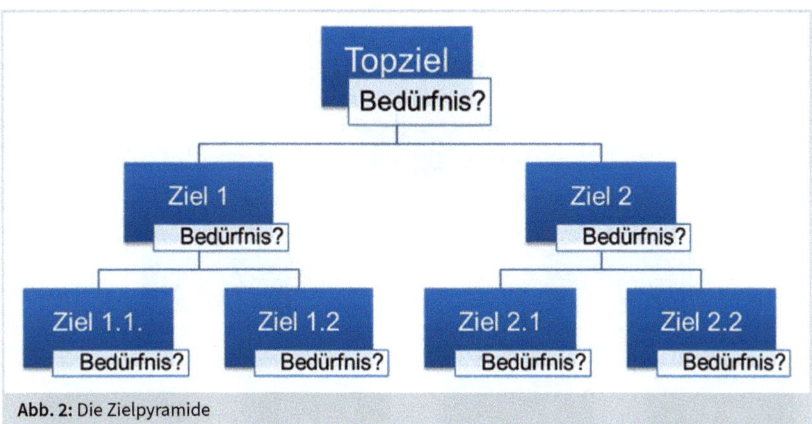

Abb. 2: Die Zielpyramide

Die Bedeutung des Topziels

Stellen Sie sich vor, Ihre durch Fakten und weitere Informationen gestützte Hypothese zum Topziel des Verhandlungspartners lautet »Absicherung des Marktanteils durch Gewinnen des Referenzkunden XY mit einem Leuchtturmprojekt in diesem Geschäftsjahr«. Wie anders gestalten Sie den Aufbau Ihrer Verhandlungsstrategie, wenn Ihre Analyse und Recherche ergeben hätte: »Umsatzsteigerung im Segment X um Y %«.

Vermutlich würden Sie andere Argumente wählen, um zu Ihrem Ziel zu kommen, da ja das Bedürfnis statt Stärkung der Marktwahrnehmung nun Menge oder Volumen gewesen wäre. Genau diese Informationen brauchen Sie, wenn es dann um den **Aufbau der Storyline** geht (vgl. Kapitel 4.6).

4.3.3 Die eigene Zielpyramide

Nun geht es in der Vorbereitung auf die Verhandlungssituation gleich weiter wie im Schritt zuvor, nur dass es diesmal Ihre Ziele, dargestellt in einer hierarchischen Struktur, sind. Die Struktur ist genau die gleiche, das Vorgehen das gleiche wie bei den Zielen Ihres Verhandlungspartners. Verwenden Sie einfach dieselben Fragen wie bei der Analyse der Zielpyramide des Verhandlungspartners und vervollständigen Sie diese.

Sie haben durch diese Vorgehensweise aber noch einen weiteren Schritt geschafft: Denn Ihr Topziel ist gleichzeitig der Titel Ihrer Verhandlung. Die Frage, warum es wichtig ist, einer Verhandlung einen Zieltitel zu geben, lässt sich einfach beantworten: Damit haben Sie und alle in Ihrem Verhandlungsteam Ihr Topziel immer vor Augen. Das hilft beim Alignment, also der Ausrichtung Ihres Teams, und unterstützt dabei, sich in der Verhandlung rhetorisch nicht zu verdribbeln und den Zug zum (Verhandlungs)Tor zu behalten.

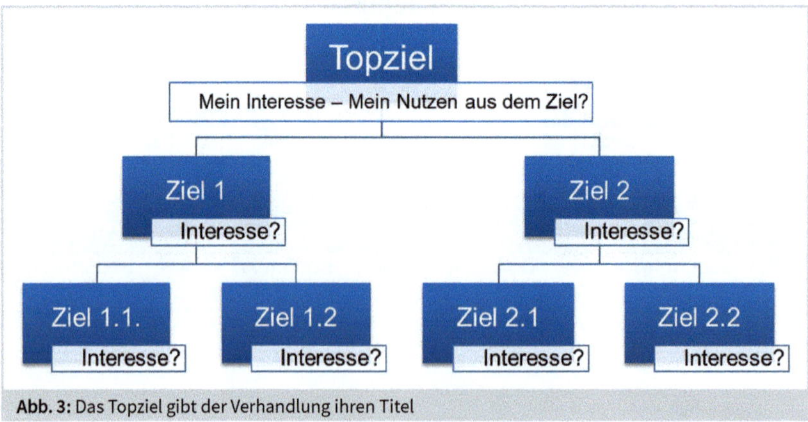

Abb. 3: Das Topziel gibt der Verhandlung ihren Titel

Es gibt einen weiteren Hinweis, der mindestens ebenso wichtig ist. Das Topziel gibt auch einen Hinweis darauf, wo Ihre größte Angst oder größte Falle liegen dürfte. Wenn das Topziel mit dem dahinterliegenden Bedürfnis so formuliert ist: »Abschluss von Neugeschäft im Volumen von zwei Millionen Euro und 16 % Marge, mit dem Bedürfnis, damit die Finanzierung einer neuen Produktionshalle maßgeblich zu sichern«, besteht die größte Angst darin, genau das nicht zu können.

Oder wenn es um die Absicherung von Arbeitskräften geht, dann wäre genau das die größte Angst und jede Argumentation diesbezüglich bekommt ein stärkeres Moment.

Für Sie ist jedenfalls wichtig: Ihr Topziel und das, was dazu gehört, kommt erst am Schluss der Verhandlung ins Spiel. Das ist ein Fehler, der vielen ungeübten Verhandlern passiert: Sie steigen mit ihrem Ziel in die Verhandlung ein, zementieren sich in einer unhaltbaren Position ein und können diese (fast) immer nur mit Gesichtsverlust verlassen oder müssen die Verhandlung scheitern lassen – was leider auch immer wieder vorkommt.

4.3.4 Die Analyse der Zielpyramiden

Nun kommt der spannende Moment, in dem Sie beide Pyramiden, Ihre und diejenige Ihres Verhandlungspartners, nebeneinanderlegen (oder elektronisch kopieren), um Zusammenhänge analysieren und daraus Maßnahmen ableiten zu können.

Faktische oder Positionskonflikte

Bei den Topzielen kann es Konflikte geben, die nur schwer konsensual oder durch Veränderung von Rahmenbedingungen auflösbar sind. Wenn beide Verhandlungspartner ihren Gewinn maximieren möchten, dann will der eine viel Geld und der andere wenig zahlen. So einfach ist das.

Das kommt häufiger vor, wenn es rein kommerzielle Topziele sind, da diese meist hart gerechnet sind und daher die Suche nach Gemeinsamkeiten auf den untergeordneten Zielebenen stattfindet, wie standardisierte und etablierte Supply Chains, Reduktion des Onboarding- oder Integrationsaufwands etc. Dies ist der Grund, warum ich grundsätzlich davon abrate, mit dem eigentlichen Ziel oder Interesse in eine Verhandlung einzusteigen. Dafür eignen sich andere Themen wie zum Beispiel für beide Parteien geltende Rahmenbedingungen, gemeinsame Feindbilder etc. deutlich besser.

Strategische Konflikte

Anders sieht es aus, wenn das Topziel des Verkäufers das Gewinnen eines Leuchtturmprojekts ist und der Käufer mithilfe einer außergewöhnlichen Performance die eigene Marktposition stärken will. Diese Zielsetzung lässt sich einfacher verbinden, die monetären Ziele sind dann oft auf der zweiten oder dritten Hierarchieebene. Allerdings können auch diese zum Dealbreaker werden, wenn die Vorstellungen zu weit auseinander liegen und es keinen überlappenden Lösungsraumgibt.[21]

Bedürfniskonflikte

Es soll vorgekommen sein, dass in einer Verhandlung, bei der es vorrangig um passende strategische Themen ging, zwei echte Alphatierchen einander gegenüberstanden. Und jeder wollte dem anderen beweisen, dass das eigene Alpha ein wenig größer war als das des anderen. Das mäßig erfolgreiche Ende war abzusehen: Es gab keinen Deal, denn die Verhandlung platzte aufgrund von nicht befriedigten Eitelkeiten. Es ist ein – leider – gar nicht so seltenes Phänomen, dass es nicht aufgrund von sachlichen, sondern von rein emotionalen Gründen der eigenen Empfindlichkeit keine Einigung gab und die beiden Parteien trotz enormen Aufwands in der Vorbereitung und Anbahnung der Verhandlung den Verhandlungstisch ergebnislos verlassen mussten.

In meiner Erfahrung, die allerdings hier nicht statistisch relevant ist, konnte ich das mehrfach bei M&A-Verhandlungen erleben, wenn der (häufig recht patriarchisch orientierte) Gründer, der seinem Lebenswerk durchaus berechtigt voll stolz und Zuneigung zugetan war, mit der eher technokratischen Art der Investmentbanker nicht zurande kam und schließlich lieber auf die Millionen verzichtete, als sein Unternehmen Menschen zu überlassen, die so gar kein Verständnis für ihn, das Unternehmen und die Menschen darin zeigten.

21 Eine verbreitete Bezeichnung für den Lösungsraum ist ZOPA oder *zone of possible agreement*, als solches ebenfalls von Fish/Ury in der 3. Auflage von »Getting to Yes« 2011 definiert.

4.4 Wer bin ich? – Das Profiling

Verhandeln ohne Profiling ist wie Blindflug ohne Instrumente.

Nun geht es tiefer in das Thema hinein, dass wir nicht mit Computern, sondern mit Menschen verhandeln. Das bedeutet in logischer Konsequenz, dass es nicht nur klug ist, sich mit den Fakten, unternehmerischen Belangen, Jahresberichten und Marktanalysen auseinanderzusetzen, sondern ebenso intensiv mit den Personen, mit denen man es am Verhandlungstisch zu tun hat.

Diese Disziplin wurde in den USA von John E. Douglas[22] zwar nicht erfunden, aber methodisch und konsequent weiterentwickelt. Douglas, Jahrgang 1945, ist ein erfolgreicher Buchautor unter anderem des Buches »Mindhunter«, das als Vorlage für die Filmserie Criminal Minds diente.

Etwas profaner liest sich die Definition im Duden. Danach ist Profiling die nutzbare Erstellung des Gesamtbildes einer Persönlichkeit für bestimmte Zwecke (z. B. zur Arbeitsvermittlung oder bei der Tätersuche). Die Erstellung erfolgt durch das Zusammenführen von Daten sowie deren anschließende Analyse und zweckbezogenen Auswertung.[23]

Für Verhandlungen bedeutet das, sich intensiv mit der Persönlichkeit der Verhandlungspartner auseinanderzusetzen. Damit komme ich zu einem Unwort, das dennoch viele nach wie vor verwenden: »das Gegenüber«. Wie gerne würden Sie als »das Gegenüber« bezeichnet werden? Wissen Sie, was im Moment mein »das Gegenüber« ist? Eine Wand, eine Türe und ein paar Fenster, davor der Schirm meines Computers. Diese Versachlichung eines oder mehrerer Persönlichkeiten, die eine wesentliche Bedeutung für uns in unseren Verhandlungssituationen haben, sollten wir nicht zulassen. Nicht in der Sprache und schon gar nicht in unserem Denken.

Auf den Punkt gebracht: Das Gegenüber gibt es in Verhandlungen nicht. Persönlichkeiten dafür auf jeden Fall. Und diese besser kennenzulernen, um besser auf sie eingehen zu können, darum geht es beim Profiling im Verhandeln.

4.5 Das NLN-Profiling-Modell

John E. Douglas hat sein ganzes Berufsleben damit verbracht, seine Fähigkeiten als Profiler auszubauen. Neben vier Universitätsabschlüssen und zahlreichen Vertiefungen und Weiterbildungen hat er noch 15 Fachbücher veröffentlicht – für uns als »All-

22 Vgl. https://en.wikipedia.org/wiki/John_E._Douglas.
23 Vgl. https://www.duden.de/rechtschreibung/Profiling.

tagsverhandler« vielleicht ein wenig umfangreich. Und doch ist es unabdingbar, dass wir unsere Verhandlungspartner einschätzen können. Dass wir möglichst viel von ihnen wissen, um zu verstehen, worauf sie wie reagieren, wo es sensible Themen gibt, wofür sie empfänglich sind und was – einfach gesprochen – bei ihnen »zieht«.

Wir haben in Kapitel 3.2 zwischen dem subjektiven und objektiven Wert in einer Verhandlung unterschieden, wobei das Team um Prof. Jared Curhan beweisen konnte, dass die emotionalen Trigger mächtiger und wichtiger sind als die rein fachlichen. Daher ist das NLN-Profiling-Modell darauf ausgerichtet, die Situation der Verhandlungspartner zu kennen und ihre emotionalen Reaktionen besser einschätzen zu können.

4.5.1 Die Rolle

Denken Sie einmal kurz nach. Wie viele unterschiedliche Rollen haben Sie? Vielleicht unterscheiden Sie zwischen beruflich und privat? Aber selbst, wenn Sie nur Ihre private Rolle in den Blick nehmen, gibt es vermutlich mehrere unterschiedliche Rollen. Wenn Sie Kinder haben, übernehmen Sie die Rolle als Elternteil, wenn Sie nicht als Single Ihr Leben bestreiten, dann sind Sie Partnerin oder Partner und schließlich haben Sie die Rolle als Freundin oder Freund in Ihrem Netzwerk usw.

Je nachdem, welche Rolle Sie gerade einnehmen, werden Sie sich leicht unterschiedlich verhalten, andere Prioritäten setzen und daher – obwohl Sie derselbe Mensch, dieselbe Persönlichkeit bleiben – sehr unterschiedliche Entscheidungen treffen und andere Dinge tun.

Dies möchte ich kurz an meiner eigenen beruflichen Situation festmachen: Ich selbst bin Geschäftsführer eines Digitalisierungsunternehmens, Partner der Change-Beratung Nickel & Keil sowie Gründer von Verhandlungsprofi.com. Wenn ich in meiner eigenen Wahrnehmung gerade die Rolle des Geschäftsführers der digitalSee GmbH einnehme und mir selbst beim Schreiben dieses Buches zusehe, müsste ich mir die Frage stellen, wofür ich hier eigentlich meine Zeit vergeude. Als Gründer von Verhandlungsprofi.com wiederum macht es schon Sinn, den zahlreichen Alumni eine bewährte Methode in Buchform anbieten zu können bzw. es als Unterlage für zukünftige NLN-Streams zur Verfügung stellen zu können.

Ein anderes Beispiel, das mir im Coaching häufig begegnet: Neu ernannte Führungskräfte sind im Geiste noch in ihrer alten Rolle gefangen. Zum Beispiel als Expertin, als Fachkraft, als Projektleiter, als Kollegin, aber sie haben die Rolle als Führungskraft noch nicht angenommen. Die Rollenbeschreibung »Ich bin Dein Chef!« hat eine komplett andere Dimension und löst ein völlig anderes Verhalten aus als »Ich bin Dein Kollege!«. So tun sich zum Beispiel Führungskräfte, die ihre Rolle als Chefin oder Chef noch nicht völlig angenommen haben, schwer, kritisches Feedback zu geben, bei Fehlverhalten von einzelnen Teammitgliedern klar und deutlich zu agieren oder Konflikte konkret und direkt anzusprechen.

Funktion oder Position?
Die Rolle lässt sich durch zwei wesentliche Fragen definieren.

»Wer bin ich?« – Das ist die Beschreibung, die man in den Kästchen des Organigramms findet. Leiterin von … Vorstand für … Abteilungsleitung für ... etc. Das ist die Position, die jemand inne hat. Häufig steht das auf der Visitenkarte oder an der Tür zum Büro. Was es tatsächlich bedeutet, weiß man allerdings nicht immer.

»Wofür bin ich verantwortlich?« – Diese Frage gibt Aufschluss darüber, für welche Ergebnisse jemand geradestehen muss. Das ist die Funktion im Unternehmen. Wir empfehlen meistens, Personen bezüglich der Funktion zu beurteilen, denn die Antworten sind aufschlussreicher.

»Wofür sind Sie verantwortlich?« erlaubt ein deutlich weiteres Spektrum an Antworten und liefert für die Vorbereitung auf die Verhandlung wesentliche Informationen:

- Wer wird entscheiden?
- Wessen Informationen werden ausschlaggebend sein?
- Wer ist in seiner Rolle für nicht zufriedenstellende Ergebnisse verantwortlich und wird sich daher besonders wehren?
- Wer steht möglicherweise mit wem in einem Konkurrenzverhältnis?
- Wessen Position wird durch ein entsprechendes Ergebnis gestärkt oder geschwächt?

Das sind typische Fragen, die Ihnen dabei helfen, die Rolle Ihrer Verhandlungspartner besser zu verstehen und vor allem, bei Verhandlungsteams die spezifische Ansprache pro Rolle und Person gezielt und ergebnisstützend vorzubereiten.

4.5.2 Die Geschichte

Der Spruch »Neues Spiel, neues Glück« trifft statistisch auf jede Form des Glücksspiels zu. Meine Frau und ich haben ein Ritual. Im Urlaub oder wenn es die Zeit erlaubt spielen wir zum Morgenkaffee eine Streitpatience. Jedes Mal, wenn die Karten neu verteilt werden, beginnt eine neue Spielgeschichte. Bei Verhandlungen sieht das anders aus. Wir haben ja bereits in der Vorbereitung zur Verhandlung die kurze Geschichte dargestellt. Nun geht es spezifisch um die Geschichte der Person.

Die gemeinsame Geschichte der Verhandlungspartner
Es war die sechste Runde in einem für beide Unternehmen bedeutendem Projekt, die Verhandlung ging um die letzten Details. Hätte man nur auf die Fakten geachtet, wäre

keine besondere Störung zu erwarten gewesen. Aber ein Blick in den Verhandlungsverlauf war bei einer rot markierte Stelle – also »hinderliches Ereignis« für den Verhandlungserfolg – hängen geblieben. Was war da geschehen? In der letzten Runde war es vor dem Vorstand zu einer Auseinandersetzung zwischen den Experten gekommen, wobei die Fachkraft auf »unserer« Seite die juristische Expertin der anderen Seite auf einen offensichtlichen Fehler in der Vertragsformulierung aufmerksam gemacht hatte. Ich kann mich noch gut an die Reaktion der Juristin erinnern: Aufrechte Sitzposition, Kopf gesenkt, Lippen zusammengekniffen, eine leise Bemerkung zum Finanzvorstand, sie würde die Sache nochmals eingehend prüfen. Dann kam der Dolchstoß. Der Jurist lehnte sich zurück, lächelte spitzbübisch und sagte: »Was wollen Sie da noch prüfen? Das sieht ein Nicht-Jurist, dass da alles falsch ist!« Weitere Erläuterungen überflüssig.

Auch wenn inhaltlich wenig gegenzuhalten war, hatte die zynische Bemerkung die Juristin vor dem Vorstand in ihrer Rolle geschwächt, und es war klar, dass von ihrer Seite keine Kooperation, sondern Polarisierung zu erwarten war. So kam es dann auch und es brauchte eine persönliche Entschuldigung, um auf der Sachebene wieder weiterzukommen.

In einer anderen Verhandlungssituation hatten wir es auf der Kundenseite mit einem ehemaligen Mitarbeiter des anbietenden Unternehmens zu tun. Der Jobwechsel war sieben Jahre her, keiner aus dem Verhandlungsteam kannte den Entscheider persönlich oder hatte zuvor mit ihm zu tun. Auch die übliche Web-Recherche mit Xing, LinkedIn und Google ergab keine besonders hilfreichen Informationen, außer eben den Wechsel des Arbeitgebers. Wir gingen ein wenig in die Tiefe und konnten herausfinden, dass der Wechsel alles andere als freiwillig erfolgt war und dass es eine kritische Geschichte gab, bei der nie alle Fakten ans Tageslicht kamen. Gerüchteweise gab es vermutete unerlaubte Nebenbeschäftigungen, die aufgrund von Compliance-Verletzungen schließlich zu einer einvernehmlichen Trennung führten, allerdings zu einem unüblichen Datum mitten im Monat. Wir konnten also begründet vermuten, dass das Gespräch eher schwierig beginnen würde, so war es dann auch. Das hatte aber nichts mit der Sache oder den Verantwortlichkeiten zu tun, sondern mit einer sehr persönlichen Geschichte.

Die persönliche Geschichte des Verhandlungspartners

Diesmal war die Recherche im Web ergiebiger gewesen. Die Laufbahn des Verhandlungsführers auf der anderen Seite war immer in Zweijahresschritten ausgewiesen, was auf eine ambitionierte und bislang lineare Karriere hindeutete. Aber als Leiter Procurement & Supply Chain – seine Funktion seit inzwischen über zwei Jahren – hatte er offensichtlich das Ende der Fahnenstange zumindest in seinem Fachbereich erreicht, der nächste Entwicklungsschritt wäre die Position eines Vorstandsmitglieds oder eines Geschäftsführers der Tochterfirma gewesen.

Für uns war klar, dass aufgrund dieser Historie mit besonders harten Geschützen zu rechnen war, denn in Verbindung mit der Bedeutung des Verhandlungsfalls – es ging um eine Investition im zweistelligen Millionenbereich – war damit zu rechnen, dass dieser einen außergewöhnlichen Erfolg anstrebte, um seine Geschichte nach eigener Regie fortschreiben zu können.

Zusammenfassend: Wir alle tragen (nicht nur) in Verhandlungen einen guten Teil unserer persönlichen Geschichte mit uns. Vor allem besonders schmerzhafte oder erfolgreiche Erfahrungen spielen in Krisensituationen einer Verhandlung plötzlich eine bestimmende Rolle. Wer zum Beispiel besonders erniedrigt wurde, wird deutlich heftiger auf alles reagieren, was als persönliche Abwertung verstanden werden könnte. Wer gutgläubig übers Ohr gehauen wurde, wird zum Beispiel besonders misstrauisch sein. Daher kommt gerade der persönlichen Geschichte mit allen mitgenommenen Erfahrungen eine große Bedeutung zu. Der Einwand, man könne ja nicht das ganze Leben eines Verhandlungspartners wie ein Psychoanalytiker durch- und aufarbeiten, trifft völlig zu. Gleichzeitig zeigt die Bedeutung der persönlichen Geschichte, dass es sich lohnt, sich zumindest ansatzweise damit auseinanderzusetzen.

4.5.3 Wollen oder Können? Die Rahmenbedingungen

Rules are Rules. Alleine das Thema »Sinnvolle Regeln in Unternehmen« kann eine ganze Bibliothek füllen. Wenn Sie sich damit etwas tiefer auseinandersetzen möchten, empfehle ich die Lektüre des Buchs »No Rules Rules«[24], geschrieben von Reed Hastings, Co-Gründer und CEO von Netflix, und Erin Meyer, einer Professorin der INSEAD Business School.

Da viele Unternehmensregeln gerade die Entscheidungsfreiheiten bei Verhandlungen deutlich eingrenzen können, ist es wichtig, diese zu kennen, um nicht in der Verhandlungsvorbereitung eine Storyline und einen Aufbau zu planen, den man mit den Verhandlungspartnern gar nicht einhalten kann.

Ich kann mich noch an eine meiner ersten Honorarverhandlungen mit einem potenziellen Auftraggeber erinnern. Die Fachabteilung wollte mich unbedingt buchen. Wir hatten das Vorgehen gemeinsam geplant und alle, die an der Konzeption beteiligt waren, waren sehr zufrieden und tranken gemeinsam ein Gläschen auf das zukünftige gemeinsame Projekt.

Wir hatten die Rechnung ohne den Wirt gemacht. Denn Organisationsprojekte waren Sache der Abteilung IT und Organisation, und da auch Teamentwicklung enthalten war, war die Abteilung Personalentwicklung zu involvieren. Mein Ansprechpartner, mit dem ich über mehrere Stunden und Tage das Konzept entwickelt hatte, konnte

24 Vgl. https://www.norulesrules.com/.

weder über die Summe noch über das Projekt entscheiden. Ein klassischer Anfängerfehler, werden Sie vermutlich berechtigt sagen, und ich stimme Ihnen zu.

Statt mich nur auf das »Was« zu konzentrieren, hätte ich mich auch folgender Frage widmen sollen: »Wie setzen wir das in Ihrem Unternehmen um? Wen brauchen wir dazu? Worauf ist zu achten? Welche Regeln sind zu berücksichtigen?« Aufgrund des guten Kontaktes hätte ich alle Informationen erhalten, und die kritische Frage, ob mein Ansprechpartner dieses Projekt in der Organisation durchsetzen kann, hätte vermutlich uns beiden geholfen, die relevanten Personen rechtzeitig miteinzubeziehen. Das »Nein«, das wir uns abgeholt hatten, war verdient. Mehr zu den vielen Dimensionen des »Neins« lesen Sie später in Kapitel 5.6.

Den Rahmen erforschen
Nicht alle Entscheider sind bereit, offen über die internen Regeln zu sprechen, oder geben gerne zu, dass sie nicht alles entscheiden können. Daher ist es günstig, wenn Sie sich vor Ihren Verhandlungen mit den typischen Entscheidungsprozessen, Wertgrenzen und Hierarchien Ihres Kundensystems auseinandersetzen.

Bei etablierten Kundenbeziehungen ist das kein Problem, meistens kennen Sie schon die Wertgrenzen, ab denen zum Beispiel Ausschreibungen nötig werden oder die nächste Hierarchieebene einzuschalten ist. Diese Informationen sind wichtig, sonst kann es passieren, dass Sie einen inhaltlich sinnvollen und richtigen Vorschlag ausarbeiten, aber an den Unternehmensregeln scheitern.

Wie können Sie also vorab den Verhandlungsrahmen erforschen?

- Manche Unternehmen veröffentlichen ihre Corporate Governance entweder in Jahresberichten oder auf der Homepage selbst. Dazu gehören häufig auch die Einkaufs- oder Beschaffungsrichtlinien.
- Ein weiterer Zugang sind Referenzprojekte, mit denen Unternehmen um Kunden oder neue Mitarbeiter werben. Aufgrund der Größe und der Personen, die man auf den Bildern sehen kann, lassen sich die hierarchischen Instanzenzüge manchmal ableiten.
- Je nach Kontaktqualität stelle ich Ansprechpartnern im Unternehmen gerne die Frage nach idealtypischen Projektverläufen sowie danach, wer wann einzubinden ist, um möglichst alle abzuholen. Diese Antworten helfen mir entscheidend, die Verhandlungsstrategie an die Möglichkeiten im Kundensystem anzupassen.
- Durchforsten Sie Ihr Netzwerk. Fast immer gibt es Personen, die Sie kennen, die jemanden kennen, der sich auskennt. So habe ich schon häufig wertvolle Tipps erhalten, wie mit bestimmten Organisationen umzugehen ist.

Zusammenfassend: ich habe häufig erlebt, dass es diffus ablehnende Verhandlungssituationen gab, die nichts mit dem Inhalt und ebenso wenig mit den Personen, sondern mit den einschränkenden Rahmenbedingungen wie Regeln, Entscheidungsprozessen oder Budget- und Wertgrenzen zu tun hatten.

ACHTUNG
MINEN

4.5.4 Wert ist wertvoll

Schreiben Sie Ihre sechs wichtigsten Werte im Beruf auf einen Zettel. Und nun ist es Ihre Aufgabe, drei wieder von diesem Zettel zu streichen, denn Sie können – das ist die Aufgabe dieser Simulation – nur drei Werte ins Ziel retten. Wenn es für Sie wirklich bedeutsame Werte sind, wird es Ihnen sehr schwerfallen, sich zu entscheiden. Diese kleine Übung macht deutlich, wie stark wir an unseren Werten festhalten und welche Bedeutung sie für unsere Orientierung haben.

Und nun geht es einen Schritt weiter. Wenn Sie diese Übung gemocht haben, können Sie gleich die nächste mit einem Ihnen nahestehenden Menschen machen. Bitten Sie die Person, ebenfalls ihre wichtigsten Werte auf einen Zettel zu schreiben. Dann suchen Sie einen Wert aus, den Sie gemeinsam aufgeschrieben haben. Nehmen wir einmal an, so sehen Ihre beiden Listen aus:

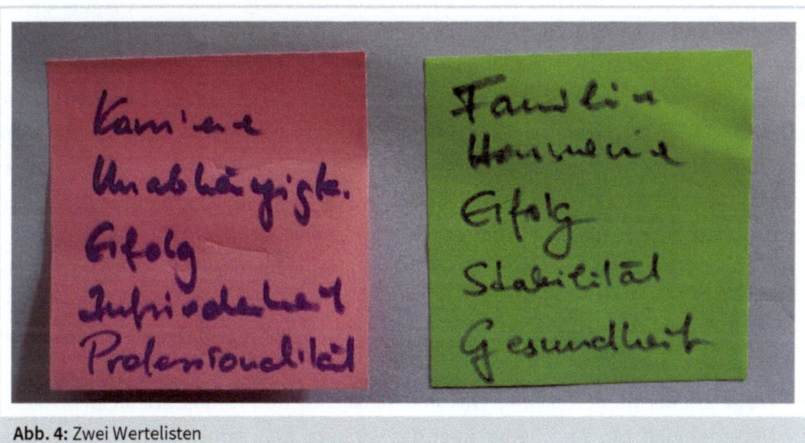

Abb. 4: Zwei Wertelisten

Zwischen diesen beiden Wertelisten scheint es eine Übereinstimmung beim Wert »Erfolg« zu geben. Nun aber wird es spannend. Denn erst die folgende Frage bringt die nötige Klarheit: »Was bedeutet Erfolg für dich? Wie definierst du Erfolg« So könnten die Antworten aussehen:

Erfolg für Person »Rosa«	Erfolg für Person »Grün«
• Vorstand oder Geschäftsführer in einem großen Unternehmen • mindestens eine Million Euro pro Jahr • großes Haus	• dass unsere Kinder einen guten Weg finden und glücklich sind • dass wir unsere begonnenen Projekte auch tatsächlich abschließen

Sie sehen auf einen Blick: Hinter dem Wort »Erfolg« stehen unterschiedliche Beschreibungen, die Bedeutung ist jeweils eine andere. Deswegen wird sich auch der Wert unterschiedlich auswirken. Während Person »Rosa« nochmals mehr Gas geben wird, härter verhandeln, mehr Einsatz leisten, um die eigenen Erfolgsziele zu erreichen, wird Person »Grün« deutlich mehr Fokus auf die Unterstützung der eigenen Kinder legen, dafür Zeit, Geld und Emotionen einsetzen und sicher heftig reagieren, wenn jemand etwas tut, was diesem Wert widersprechen oder schaden könnte.

Was bedeutet das? Misstrauen Sie vordergründigen Ähnlichkeiten, wenn es darum geht, das Orientierungssystem eines Menschen zu verstehen. Verbinden Sie alles, was Sie wissen, mit typischen Aussagen, die Ihre Verhandlungspartner treffen. Gehen Sie mit offenen Augen und einer neugierigen Haltung in die ersten Gespräche. Auch wenn es natürlich um inhaltliche Themen geht, ist es mir in diesen ersten Gesprächen wichtiger herauszufinden, wie meine Verhandlungspartner ticken, woran sie sich orientieren.

Methoden und Fragestellungen

Dazu helfen mir die folgenden einfachen Methoden und Fragestellungen. Diese setze ich bewusst ganz am Anfang ein, denn sie zentrieren sich auf meine Gesprächspartner, und da wir noch nicht in möglichen oder wahrscheinlichen Interessenskonflikten angelangt sind, erhalte ich aus Erfahrung gute und hilfreiche Antworten auf meine Fragen. Und es hilft mir, eine persönliche Beziehung zu meinem Verhandlungspartner herzustellen, die das weitere Verhandeln einfacher macht.

- **Frage 1:** »Was waren vergleichbar wichtige Projekte für Sie, die Sie erfolgreich managen konnten?«
  Diese Frage zielt auf die persönlichen Kriterien ab und macht vergangene positive Erfahrungen deutlich.
- **Frage 2:** »Aus Ihrer Erfahrung: Was sind die wichtigsten Voraussetzungen in Ihrem Unternehmen, um das Thema, über das wir sprechen, erfolgreich auf die Straße zu bringen?«
  Abgesehen von der persönlichen Wertschätzung wird hier die persönliche Kompetenz angesprochen, verbunden mit typischen Unternehmensregeln.
- **Frage 3:** »Was ist Ihnen persönlich bei der Zusammenarbeit mit einem Partner besonders wichtig?«
  Nun geht es um die Person selbst. Mit dieser Frage gelingt es mir fast immer, wesentliche Kooperationswerte der Person herauszufinden.

Bei allen diesen Fragen ist eines wichtig: Geben Sie sich nicht mit der ersten Antwort zufrieden. Meist kommen generische Formulierungen wie »professionell, zuverlässig, flexibel, kundenorientiert«. Für diese allgemeinen Antworten brauchen Sie die Frage nicht zu stellen. Nein, es geht um das, was Ihre Verhandlungspartner damit verbinden. Daher hilft hier die Frage nach konkreten Beispielen. »Da habe ich dann nur eine Frage: Haben Sie dazu ein Beispiel?«

4.5.5 Jeder ist ein Egoist

Schon im neuen Testament lehrt Jesus: »Du sollst Deinen Nächsten lieben wie Dich selbst«. Das setzt eben voraus, dass man sich selbst liebt. Wenn Sie so wollen, wurde gesunder Egoismus also bereits in der Bibel als ethische Grundvoraussetzung verankert.

Das bedeutet im Umkehrschluss, dass auch Sie (nicht nur in Verhandlungen) fast immer mit Menschen zu tun haben, die in erster Linie an sich denken und dabei durchaus auch eigene Vorteile im Auge haben. Welche Vorteile dies konkret sein können, kann sich aus der Rolle, der persönlichen oder gemeinsamen Geschichte oder über das Wertegespräch ergeben. Gehen Sie jedoch davon aus, dass gerade ichbezogene Motivationen selten direkt und offen angesprochen werden, zumindest in unserem Kulturkreis. Die Wahrscheinlichkeit, dass Sie auf begründete und hergeleitete Hypothesen angewiesen bleiben, ist hoch.

Die kurze und doch wichtige Botschaft dieses Abschnitts ist folgende:

- Es gibt immer ichbezogene Motivationen.
- Ichbezogene Motivationen sind weder schändlich noch notwendigerweise schädlich, sondern natürlich und unvermeidbar.
- Wenn Sie die ichbezogene Motivation in Verbindung mit der Verhandlung kennen, haben Sie ein Indiz für ein Hebelthema (vgl. Kapitel 4.5.8).

4.5.6 Angst und Gier

Zwei sehr starke Treiber in Verbindung mit den ichbezogenen Motiven sind die Gefühle Angst und Gier. Auch hier gilt: Der Forschungsumfang zu diesen beiden Dimensionen ist nahezu endlos, schließlich setzt sich Psychotherapie zu einem großen Teil mit individuellen Ängsten und dem Umgang damit auseinander, Gier kommt auch vor, aber weniger prominent.

Gier und ihre Nebenwirkungen

Direkt gefragt: Haben Sie das Talent, manchmal gierig zu sein? Nun, die Frage ist gezielt so gestellt, dass eine ehrliche Antwort zumindest lauten könnte: »Es kommt drauf an ...« in Kürze also: Ja!

Das führt zur nächsten Frage: Was konkret könnte Sie gierig machen? Vermutlich nicht eine E-Mail, in denen Ihnen jemand eine pompöse Erbschaft verspricht oder eine Anlage mit einer »garantierten« Verzinsung von 26,5 % pro Monat.

Aber wie sieht es aus, wenn der Bitcoin wieder einmal durch die Decke schießt? Oder ein realistisch verlockendes Geschäft kurzfristig hohen Gewinn in Aussicht stellt?

Dr. Erich Kirchler, Professor für Wirtschaftspsychologie an der Universität Wien, hat sich diesem Thema intensiv gewidmet. Dabei ist die Abgrenzung interessant, ab wann Ehrgeiz und die Motivation, einfach »mehr« zu schaffen, in schnöde Gier kippt.[25] Einfach formuliert ist es eine Schwelle in einem schmalen Bereich, in der für den Giergefährdeten aufgrund einzelner tatsächlich richtiger Fakten ein realistischer Gewinn außergewöhnlichen Ausmaßes vorgegaukelt wird. Diese Optionen werden dann verschleiert und mystifiziert, zum Beispiel weil sie nur einem exklusiven, limitierten Personenkreis zur Verfügung gestellt wurden.

Aber auch lang anhaltende, außergewöhnliche Erfolgsserien können den Giermodus aktivieren und Unbesiegbarkeit, Grenzenlosigkeit des Erfolgs vortäuschen. »Hochmut kommt vor dem Fall« ist die Zusammenfassung des gesunden Hausverstands.

Für jeden Verhandler ist es daher wichtig, die eigenen Fallen zu kennen, die Giermuster auslösen könnten, um sich dagegen zu immunisieren. Eine Garantiemethode kenne ich leider nicht, die Sie davor schützen kann, in Ihre Gierfallen zu tappen, regelmäßige Reflexion, Feedback und die Kenntnis der eigenen Fallstricke helfen jedoch ungemein.

Die Angst des Einkäufers ist nicht die Angst des Verkäufers

Eine Person aus unserem erweiterten Bekanntenkreis galt als eher farblos, langweilig und intrigant. Wenn überhaupt, sprach sie über störende Vorfälle und andere kamen in diesen Geschichten meist nicht gut weg. Der Kontakt wurde dünner und schließlich hatten wir uns über einen längeren Zeitraum gar nicht mehr gesehen. Bis sich zufällig ein Wiedersehen ergab und meine Frau und ich erstaunt über den Wandel waren. Eine charmante Persönlichkeit, freundlich und offen. Was wir danach erfuhren: Unsere Bekannte hatte sich nach langen Jahren aus einer belastenden Beziehung getrennt, in der vor allem Angst als Steuerungsmechanismus eingesetzt wurde. Wir hatten diesen Menschen, ohne dass es uns bewusst war, das erste Mal angstfrei erlebt und so seine vielen positiven Seiten kennenlernen können.

Angst hat nämlich eine fatale Wirkung: Im Moment der Angst haben wir nicht den Zugriff auf unsere Stärken und zeigen meist nicht unsere besten Seiten. Gerade in Verhandlungen kommt es daher darauf an, sich angstfrei zu stellen.

Das ist leichter gesagt als getan, also fragen wir seit vielen Jahren in unseren Workshops, was die größten Ängste unter Ein- und Verkäufern sind. Die Ergebnisse fallen sehr unterschiedlich aus. Warum wir dazu keine schriftliche Befragung machen, sondern diese Frage in unseren Seminaren stellen? Ich gehe davon aus, dass anonyme Er-

25 Die umfangreichste Untersuchung zu dem Thema hat Erich Kirchler anlässlich des Themas Steuerhinterziehung – vor allem durch reiche Menschen – unternommen: *The Economic Psychology of Tax Behaviour*, Cambridge University Press, Cambridge 2007.

gebnisse eher gewünschte oder sozial erwartete Antworten zeigen, im persönlichen, vertrauensvollen Kontakt hören wir eher, wie es wirklich ist.

Die Top-Ängste der Verkäufer

1. **Kein Abschluss:** Diese Angst ist für viele keine große Überraschung, und wenn ich das Ängste-Ranking im Zuge eines Vortrags vorstelle, kommt hier meist ein Achselzucken. Und ja, es ist verständlich, denn meist liegt in den Vertriebsprojekten ein hoher Aufwand, den man ungern verloren gibt, ohne zumindest irgendeinen Erfolg davongetragen zu haben. Aber genau darin liegt auch die Gefahr, denn diese – die häufigste – Angst kann dazu führen, dass schlechte Geschäfte abgeschlossen werden. Als Geschäftsführer sage ich daher immer wieder unseren Leuten im Vertrieb: »Ihr braucht nur eine Angst zu haben, und das ist die vor einem schlechten Geschäft!«
2. **Verlust von Prämien:** Da die meisten Vertriebsorganisationen eine erfolgsorientierte Entlohnung haben, hat Misserfolg neben den übergeordneten Auswirkungen eine ganz direkte: Es gibt weniger Geld auf dem Konto. Daher ist diese Angst Nr. 2 im Ranking doppelt gefährlich, denn sie kann auch Gier triggern, die Jagd nach besonders attraktiven Prämien und so zu einem unrealistischen Überdehnen der Forderungen im Verhandeln führen.
3. **Schlechtes Ranking:** Und damit verbunden der Statusverlust. Statussymbole werden gerade im Vertrieb hochgehalten. Die Plattform Salesjob.de stellt regelmäßig Untersuchungen zu Vertriebsthemen an, besonders deutlich zeigt sich das bei Firmenwagen.[26] Ich habe keine Untersuchung dazu gemacht, meine aber doch, dass der durchschnittliche Uhrenpreis von Mitarbeitern in Vertriebsabteilungen doppelt so hoch ist wie im Einkauf. Daher ist auch das Ranking, welches nichts anderes als ein öffentlicher Erfolgsbarometer ist, eine wichtige Orientierung – kein Vertriebler möchte dort den eigenen Namen in den unteren Bereichen lesen.
4. **Schlechte Margen:** Endlich – auch ein unternehmensrelevantes Angstthema ist dabei, allerdings erst an vierter Stelle. Einer zunehmend wachsenden Zahl an Vertriebsprofis liegt tatsächlich ein gutes Unternehmensergebnis und das gemeinsame Erreichen der gesetzten Ziele am Herzen, und das nicht nur in Vertriebsorganisationen, in denen es statt individueller einen Gruppen- oder Teambonus gibt. Das geht natürlich nur, wenn Menge und Marge passen. Vermutlich wird sich das Ranking der Ängste – so die von uns beobachtete Tendenz – in den nächsten Jahren ändern.

Die Top-Ängste der Einkäufer

1. **Unterbrochene Supply Chain:** Viele – vor allem aus dem Vertrieb – sind überrascht, denn die intuitive erste Antwort ist meist: Zu teuer eingekauft. Diese Angst findet sich aber erst weiter unten. Dabei ist – zumindest in produzierenden Unter-

26 Vgl. https://www.salesjob.de/blog/salescareer/firmenwagen-im-vertrieb/.

nehmen – klar: Es wird richtig teuer für das Unternehmen, wenn die Produktionsmittel ausgehen.

2. **Schlechtes Material:** Es ist ja nicht so, dass das Procurement oder Einkaufsabteilungen in vielen Unternehmen an der Spitze der Beliebtheit stehen. Je größer die Organisation, umso kritischer werden die »lästigen Separatisten gesehen, die ohne tiefe Sachkenntnisse die Fachabteilungen mit ihren Formalismen quälen ...«, so das Originalzitat eines Bereichsleiters für Forschung und Entwicklung. Dass diese Meinung der tatsächlichen Leistung der Supply-Chain-Manager in keiner Form gerecht wird, sollte klar sein. Denn tatsächlich steht die Sorge an zweiter Stelle, Material besorgt zu haben, das den nötigen Spezifikationen nicht entspricht und/oder wegen Mängel vielleicht sogar die Produktionsprozesse behindert.
3. **Preis:** Erst an dritter Stelle kommt der Preis. Dass zu teuer eingekauft wurde, passiert Einkaufsprofis tatsächlich eher selten. Je nach Einkaufs- und Beschaffungsorganisation verfügen die meisten über einen hervorragenden Überblick über das, was sich am Markt tut und welche Preise realistisch erzielbar sind. Dennoch, in jeder Branche, in jedem Segment gibt es Schwankungen und um die geht es in den Verhandlungen zwischen Vertrieb und Einkauf.
4. **Isolation und Einsamkeit:** Ein spannendes Thema findet sich an der vierten Stelle des Ängste-Rankings. Isolation und Einsamkeit sind jene emotionalen Angeln, die vor allem bei älteren Einkaufsexperten im Alter zwischen 50 und 65 quälen können. Nun, wer gibt das schon gerne zu, dennoch ist es nicht verwunderlich. Gerade für Einkaufsprofis ist es wichtig, sich nicht in die Karten schauen zu lassen und möglichst nicht in die Beziehungsfalle zu tappen. Es gibt daher in einigen Organisationen kontinuierliche Rochaden, um vertraute Beziehungsachsen zu Vertrieblern schon auf organisatorischer Ebene zu verhindern. Ein Indiz dafür finden Sie in den Social Media – sehr viele Beschaffungsprofis haben nur eher spartanische Profile hinterlegt und geben nur wenig über sich und ihre bisherige Laufbahn, ihre Interessen und Aktivitäten preis.

Wie Sie die identifizierten Ängste für Ihre Verhandlungsstrategie konkret nutzen können, erfahren Sie in Kapitel 4.5.8 zu den Hebelthemen. So viel schon jetzt: Natürlich geht man nicht auf den anderen zu und spricht die Angst direkt an. Geschickte Verhandler lancieren das Thema und fragen zum Beispiel immer wieder nach, wie im Unternehmen die Versorgungssicherheit gemanagt wird, erzählen (wahre!) Geschichten, in denen durch falsche Versprechen und sorglose Lieferanten die Supply Chain unterbrochen wurde, und hören dann auf die Antworten, die da kommen, wenn sie die Angst der unterbrochenen Supply Chain adressieren wollen.

Oder sie thematisieren Fairness als partnerschaftliches Grundprinzip, wenn es mehr um die Isolation geht. Im Verkauf sucht man immer nach fairen Lösungen, im Einkauf nach korrekten. Der Unterschied können leicht ein paar Prozentpunkte sein, denn eine faire Lösung ist meist teurer als eine korrekte.

BONUS
FABRIK
ÄNGSTE IM VERKAUF
2 1 3 4
LEER
€50,000
ÄNGSTE IM EINKAUF
2 1 3 4

4.5.7 Die Macht der unbekannten Themen

Verhandeln mit bekannten Größen ist relativ einfach. Wenn alles allen bekannt wäre und offen über alles gesprochen werden kann, lassen sich die meisten Themen rasch lösen oder es wird eben klar, dass es keine Lösung gibt. Daher ist die umfangreiche Recherche in Rahmen-, Fach- und persönlichen Fragen unabdingbar für eine ergebnisverbessernde Vorbereitung. Für mich ist dieses Kapitel neben dem Profiling eines der spannendsten, da es detektivisches Vorgehen und strategisches Denken erfordert.

Zugegeben, auch meine Neugier – für mich die einzige positive Form von Gier – nährt die Vorliebe für diese Kapitel in der Vorbereitung für eine Verhandlung.

Sehr häufig sind es die Themen, die von den Verhandlungspartnern streng geheim gehalten werden, die die größte Hebelwirkung erzeugen. Das ist sicher im forensischen Bereich so. Wer etwas getan hat, was sie oder er lieber unterlassen hätte, hat Angst vor der Aufdeckung der üblen Tat. Selbst wenn es ein verzeihlicher Fehler ist, versuchen viele, diesen zu verbergen. Auch das kann in Verhandlungen zu diffusen Situationen führen. So hatte in einer M&A-Verhandlung der Leiter Finanz- und Rechnungswesen – einen eigenen CFO gab nicht – der Verkäufergruppe einen schweren Fehler in der Berechnung gemacht und im weiteren Verlauf versucht, diesen zu verschleiern. Vor allem durch Fehlinformationen an den Eigentümer. Da es keine offensichtliche Fehlberechnung war, blieb dieser Fehler lange Zeit unentdeckt und hätte beinahe zum Abbruch der Verhandlungen geführt, denn auch die Käuferseite war durch das undurchsichtige Hin und Her zuerst verwirrt, dann irritiert und schließlich verstört.

Meine Empfehlungen für den Umgang mit verdeckten Themen: Sie haben Informationen zu den Verhandlungspersonen, die nicht offen bekannt sind, aber Ihre Verhandlungsziele potenziell stützen. In diesem Fall versuchen Sie, wenn es Ihren eigenen Zielen nicht schadet, den Verhandlungspartner darin zu unterstützen, sofern möglich.

Sie haben Hintergrundinformationen über die Situation des Unternehmens, die Ihre Anliegen begünstigen: Lancieren Sie das Thema, d. h. im Idealfall bringt jemand anderes als Sie das Thema auf den Verhandlungstisch, jemand der nicht notwendigerweise Mitglied Ihres Verhandlungsteams ist. Für diese Fälle brauchen Sie auch das elegante Exit-Tor für den Verhandlungspartner, welches allerdings in Ihren Erfolgskorridor führt.

Sie stellen fest, dass die Verhandlung plötzlich einen anderen und für Sie nicht erklärbaren Verlauf nimmt. Die Handlungen und Vorgehensweisen Ihrer Verhandlungspartner erscheinen unlogisch und nicht schlüssig in Bezug auf das, was Sie bislang in dieser oder vorhergehenden Verhandlungen bereits erreicht haben. In diesem Fall unterbrechen Sie freundlich und fragen direkt nach, ob es irgendwelche Veränderungen gegeben hat, von denen Sie bislang nicht informiert wurden und die für die Verhandlung eine Bedeutung haben. Mit dieser direkten Ansprache habe ich bisher die besten Erfahrungen gemacht.

4.5.8 Die Suche nach den Hebelthemen

Was ist ein Hebelthema? Diesen Begriff haben wir in unserem Team geschaffen, um die Themen, Fakten oder Informationen eindeutig zu benennen, die als Game-Changer eingesetzt werden können.

Ein privates Beispiel: Sie verhandeln den Preis einer Wohnung, die Sie für sich privat anschaffen wollen. Nun wissen Sie, dass die Verkäufer hohen Zeitdruck haben, natürlich ohne Ihnen dies gesagt zu haben. Das ist das Ergebnis Ihrer persönlichen Recherche, die sich im Zuge der Verhandlungen bestätigt. Dann ist das eigentliche Hebelthema nicht der Preis für das Objekt, sondern die Frage, wie schnell und unkompliziert Sie den Kauf abschließen können.

Etwas komplexer wird es natürlich, wenn in einer Einkaufs- bzw. Verkaufsverhandlung der Einkäufer nicht nur einen guten Deal für sein Unternehmen machen will, sondern wenn Sie wissen, dass er im Unternehmen bereits kritisch gesehen wird und dringend einen Erfolg braucht. Das Hebelthema sind wieder nicht der Preis oder die Zahlungskonditionen an sich, sondern der persönliche Erfolg, der zur persönlichen Sicherheit führt. Anhand dieses Beispiels wird das Zusammenspiel von Angst, Bedürfnis und Sachthema deutlich, welches sich nur durch ein gründliches Profiling aufdecken und damit nutzen lässt.

Das Hebelthema ist das Mittel, welches Sie für die taktische Umsetzung in Ihrer Verhandlungsstrategie benötigen, um das wesentliche, das stärkste Bedürfnis der Verhandlungspartner adressieren zu können.

4.6 Das Drehbuch einer Verhandlung – die Macht von Geschichten

Machtkampf. Allianz. Die Notwendigkeit gründlicher Ausbildung. Es gibt nicht nur gute Wesen. Alleine bist du flexibler, gemeinsam kommst du weiter. Bevorzugung eigener Kinder. Man kann nicht jede Situation meistern, die man selbst verursacht hat. Unglückliche Kindheit. Es gibt auch Dinge, die mit logischem Verstand und verfügbarem Wissen nicht verständlich sind. Harry Potter siegt gegen Lord Valdemort.

Ich habe einige wesentliche Elemente aus der Sage um Harry Potter zusammengestellt, die die emotionale Dynamik ausmachen. Allerdings nicht in einer Reihenfolge oder in einem schlüssigen Aufbau, sondern weitgehend willkürlich gesammelt. Und natürlich kann ich nicht den Inhalt von insgesamt 4.224 Originalseiten (lt. Quora) oder 1.084.170 Wörtern in einem Absatz wiedergeben. Aber Sie werden vermutlich zustimmen: So richtig Sinn ergibt das nicht.

Und doch sind die ersten Entwürfe von Verhandlungsstrategien, mit denen ich als Berater konfrontiert werde, auf ähnlichem Niveau: Eine Sammlung von mehr oder weniger zusammenhängenden Fakten, die alle für sich betrachtet eine Aussage und meist auch eine Bedeutung haben, aber wie Puzzlesteine eines großen Bildes verstreut am Tisch liegen und keinen Zusammenhang ergeben.

Stellen Sie sich vor, dass Ihre Verhandlungen nichts anderes sind als spannende Business-Thriller. Also nicht nur ein Big Picture (wie beim Puzzlespiel), sondern eine Dramaturgie, die so logisch, so eingängig ist und so spannend aufgebaut, dass es den meisten schwerfällt, sich dem zu entziehen. Damit das funktioniert, braucht es ein paar Zutaten, und um die geht es nun.

4.6.1 Die Liebe für einfache Botschaften

Vielleicht kennen Sie den Cartoon, den David Kilvington für dieses Buch neu aufbereitet hat. Eine große Menge an Menschen folgt dem Schild »Einfach, aber falsch« und nur wenige gehen den anstrengenden, komplexen, aber richtigen Weg.

Die positive Variante dieses Bildes hat Antoine de Saint-Exupéry[27] formuliert, hier in einer freien Interpretation: Alles, was wirkt, entwickelt sich vom Primitiven über das Komplizierte zum Einfachen.

Die Magie des Einfachen liegt in der Verständlichkeit. Wenn Menschen etwas verstehen, tendieren sie dazu, es für richtig zu halten. Das ist einfach nachvollziehbar, denn wie soll man denn beurteilen, ob etwas richtig ist, wenn man es nicht versteht. Und wenn man etwas versteht, dann ist es schlüssig und damit eher wahr. Daher lieben wir alle einfache Botschaften.

27 Das Originalzitat von Antoine de Saint-Exupéry lautet so: »Die Technik entwickelt sich vom Primitiven über das Komplizierte zum Einfachen.«

ANTWORTEN
EINFACH
ABER FALSCH
KOMPLEX
ABER RICHTIG

Was bedeutet Einfachheit für durchsetzungsstarkes Verhandeln?
Selbst wenn Sie Fakten gesammelt und sich von der Richtigkeit dieser Fakten überzeugt haben, bedeutet das noch nicht, dass diese schon so aufbereitet sind, dass sie die nötige Überzeugungswirkung entfalten können. Oft ist es so, dass es dazu mehrere Schritte braucht, aber auch hier gibt es eine Verständnisgrenze. Damit ist gemeint: Wenn Sie zehn oder mehr Informationsschritte benötigen, um zu einem durchsetzungsstarken Fazit zu kommen, wird das wenig helfen, denn so lange hört niemand zu, schon gar nicht in einer polarisierten Verhandlung, bei der es um viel geht.

4.6.2 Die Dreier-Regel

Regiegrößen von Francis Ford Coppola bis zu Frank Asmus lehren die Reduktion auf drei Botschaftseinheiten. Vielleicht erinnern Sie sich an die Übung mit den Werten. Dabei hatte ich Sie auch gebeten, Ihre Liste auf die drei wichtigsten Werte zu reduzieren. Der Hintergrund: Wir können uns nur schwer mehr Informationsinhalte merken. Allerdings kann man sich mit einem kleinen Trick helfen, etwas mehr zu transportieren als nur drei kurze Sätze, wenn Sie so vorgehen:

Überlegen Sie in einer Verhandlung oder Präsentation, was Ihr wichtigster Punkt oder Ihr Aussageziel ist. Meist wird das ein Call to Action sein, in der Verhandlung wird es Ihr Topziel sein. Wie in der Zielpyramide überlegen Sie, welche die drei wichtigsten zusammenhängenden Argumente sind, die Ihr Anliegen unterstützen. Nun können Sie nochmals eine Ebene nach unten gehen und pro Teilargument – Sie haben ja drei davon, die wiederum drei unterstützende Aussagen oder Fakten bringen, die diese untermauern. So haben Sie mithilfe der Dreier-Regel insgesamt 1 + 3 + 9 Botschaften formuliert, die nun ein System ergeben und aufgrund des Zusammenhangs und der logischen Struktur merkfähig sind. Dieses Vorgehen werden wir nochmals für die Ausarbeitung der Storyline (vgl. Kapitel 4.6.6) aufnehmen und intensiver ausarbeiten.

In der Abbildung 5 sehen Sie die logische Struktur anhand eines Beispiels, bei dem die Kaufargumente eines Unternehmens mit Erfahrung, Innovationskraft und Liefersicherheit analysiert wurden. In der Vorbereitung der Verhandlung werden daher genau diese Themen spezifisch aufbereitet und nach der Dreier-Regel aufgebaut. Planen Sie nach Möglichkeit pro Verhandlungsrunde Ihre Botschaften so, dass Sie die Dreier-Regel einhalten können. So bleiben die für Sie wichtigen und Ihr Verhandlungsziel unterstützenden Inhalte im Gedächtnis. Denn nur, was sich im Gedächtnisspeicher aktivieren lässt, wirkt auch in Verhandlungen.

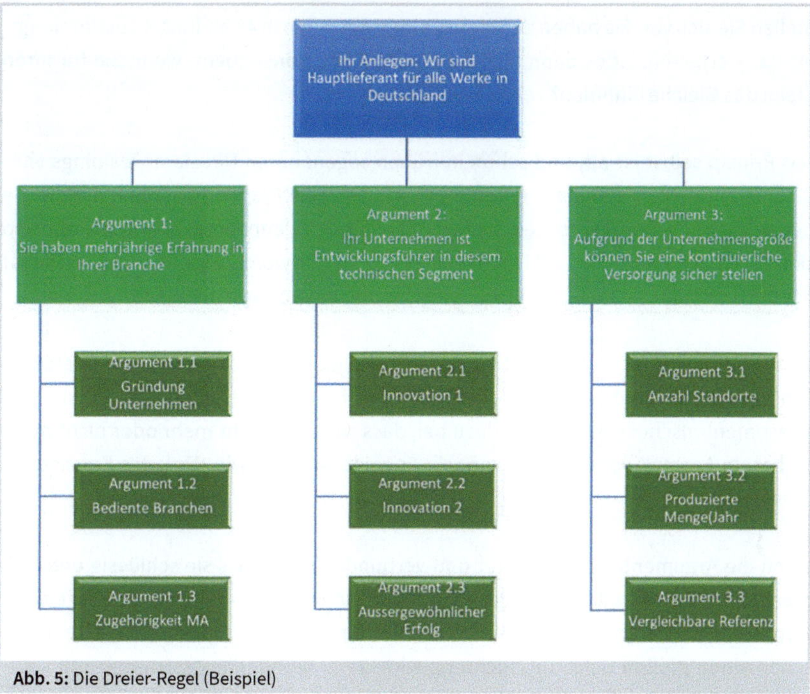

Abb. 5: Die Dreier-Regel (Beispiel)

4.6.3 Das Konsistenzgesetz

In seinem Buch »Influence. The Psychology of Persuasion«[28] beschreibt Robert Cialdini sechs Prinzipien, deren Anwendung er bei erfolgreichen Verkäufern beobachten konnte. Dazu verbrachte der promovierte Wissenschaftler drei Jahre als »Undercover-Agent« bei einem Gebrauchtwagenhändler, in einem Fundraising-Büro und in einer Telemarketing-Agentur. Das Ergebnis seiner Studien sind sechs Prinzipien, auf deren Grundlage Verkäufer potenzielle Kunden beeinflussen. Von diesen wiederum ist das sogenannte **Konsistenzgesetz** jenes, welches für den Aufbau einer Storyline am wichtigsten ist.

Jeder Schritt muss den nächsten logisch einleiten, sonst irritiert dies Zuhörer, Konsumenten und vor allem: Verhandlungspartner. Wenn Sie Ihre Storyline so aufbauen, dass die eingesetzten Argumente aufeinander aufbauen und schlüssig sind, steigt die Wahrscheinlichkeit signifikant, dass Ihre Verhandlungspartner zustimmen.

28 Robert B. Cialdini: Influence. The Psychology of Persuasion. Harper Business 1984.

Stellen Sie sich vor, Sie haben zu jedem grünen Kästchen in Abbildung X Zustimmung – ein Ja! – erhalten, ist es dann nicht nur logisch und konsequent, wenn Sie für Ihren Claim das Gleiche einholen?

Das Prinzip selbst ist alt, und schon in frühen sogenannten Hausierer-Trainings wurden die Türklinken-Verkäufer geschult, möglichst viele Fragen zu stellen, auf die die Befragten mit hoher Wahrscheinlichkeit mit einem »Ja« antworten. Das hatte dann so skurrile Formen wie: »Sie sind Frau Meier?« – »Ja« – »Sie wohnen hier?« – »Ja« – »Das ist der dritte Stock?« – »Ja« – »Dann wollen Sie sicher ein Abo von mir kaufen …«

Es ist erstaunlich, aber diese eher primitiven Manipulationstechniken haben tatsächlich funktioniert und würden auch heute noch funktionieren. Zum Glück trägt der Konsumentenschutz inzwischen dazu bei, dass so etwas nicht mehr oder nicht mehr in diesem Ausmaß vorkommt. Dennoch: Es zeigt deutlich, wie stark das Konsistenzgesetz wirkt.

Wenn die Argumente so aufgebaut und verbunden sind, dass sie schlüssig und aufgrund der Dreier-Regel merkfähig und vernetzt sind und sie noch dazu so ausgewählt wurden, dass Sie mit hoher Wahrscheinlichkeit Zustimmung erhalten, haben Sie schon einen großen Schritt in Richtung wirksamer Verhandlungsstrategie mit einer zugrunde liegenden Storyline getan.

4.6.4 Plausibilität schlägt Wahrheit

Nun folgt ein Prinzip, welches mir immer Schmerzen bereitet, vor allem wenn ich es zum Beispiel in politischen Diskussionen erleben darf. Eigentlich ist es das Geschwisterprinzip des »Einfache-aber-falsche-Botschaften-schlagen-komplexe-aber-wahre-Botschaften-Paradoxons«. Denn auch hier gilt wieder: Wenn wir meinen, eine Logik zu erkennen, glauben wir, dass es richtig ist. Das ist vor allem wichtig, wenn wir mit solchen Konstrukten konfrontiert werden. Wenn also jemand eine große Lüge konsistent und plausibel aufbaut, sind wir tatsächlich gefährdet, diese Lüge als wahr anzunehmen. Vor allem, wenn Manipulatoren wahre und unwahre Elemente verbinden. Goebbels war zu seiner Zeit ein Großmeister darin, Donald Trump versuchte sich zumindest mit eindrucksvollen Gebärden und Boris Johnsons Anti-Europa-Kampagne war mit diesen Elementen durchzogen.

Dabei geht es nicht darum, ob es sich um Botschaften handelt, die wir gerne hören und glauben wollen – bei diesen ist es fast egal, wie kunstvoll sie konstruiert sind.

In diesem Abschnitt möchte ich Sie dafür sensibilisieren, nicht selbst Opfer einer Plausibilitätsfalle zu werden. Wie Sie sich davor schützen? Durch konsequente Überprüfung jedes einzelnen Arguments, klares Hinterfragen von eingesetzten Truismen (unstrittige Wahrheiten), ob diese tatsächlich in Verbindung mit dem nachfolgenden Claim stehen oder das Fazit tatsächlich die einzige Möglichkeit ist, die aufgrund der dargebrachten Faktenlage in Frage kommt.

Eingängige Beispiele finden Sie dazu auf Youtube. Ich empfehle tatsächlich, die Trump-Rede anlässlich seiner Wahl zum Präsidenten der United States vom 9. November 2016[29] nach diesen Prinzipien zu analysieren. Besonders auffällig ist dann, wie es ihm knapp vier Jahre danach gar nicht mehr gelingen wollte, als er im Interview mit Chris Wallace zu den Corona-Zahlen seine Glaubwürdigkeit vollkommen verloren hatte.[30] Viel Spaß bei diesem Vergleich.

4.6.5 Keiner lässt sich gerne etwas sagen ...

... aber wir hören gerne Geschichten

Als unsere vier Kinder noch sehr jung waren, spielten Geschichten eine große Rolle in der Erziehung. Ja, klar, wir hätten auch Anordnungen geben können, wie: »Hör auf, an deinen Nägeln rumzukauen!« oder: »Vertrag dich mit deinen Geschwistern!« etc. Stattdessen erzählten wir ihnen Geschichten, in denen zum Beispiel das von der Hexe gefangene Kind sich nicht freigraben konnte, weil seine Nägel abgebissen waren, und so musste es im Käfig warten, bis sie nachgewachsen waren. Ich kann mich noch vergnügt an meine Tochter erinnern, die mich mit ernstem Blick ansah und sage: »Gell, Papi, die Hexe kommt nicht, bevor meine Nägel wieder lang sind!« Ich beruhigte sie und sagte, dass alle Hexen vor wachsenden Nägeln Angst haben und dann sowieso nicht kommen. Und das war es dann.

Geschichten können – gut eingesetzt – mächtig sein. Lesen Sie daher abschließend zu diesem Kapitel, bevor es um die Gestaltung der Drehbücher sowie die unterschiedlichen Formate für Verhandlungsdrehbücher geht, ein weiteres Plädoyer für die Gestaltung von Verhandlungen auf Basis von Storylines.

Ja, der Ansatz ist tatsächlich aufwendig. Es ist einfacher, die Argumente zu sammeln und dann – wenn es geht – in einer einigermaßen logischen Clusterung zu thematisieren. Dabei geht viel Spannung und Emotionalisierung verloren, aber genau die macht den Unterschied zwischen »Irgendwie-Verhandlungen« und strategisch ausgerichteten Verhandlungen, die alle Elemente der Kommunikation nutzen, um die eigenen Anliegen wirksam und durchsetzungsstark zu erreichen. Und zwar so, dass der subjektive Wert auf beiden Seiten hoch ist.

29 Vgl. https://www.youtube.com/watch?v=Qsvy10D5rtc.
30 Vgl. https://www.youtube.com/watch?v=sb4_WF2KhVY.

Durchsetzungsstark ist nicht druckvoll

Viele meinen nach wie vor, bevor sie mit dem Next-Level-Negotiation-Programm beginnen, es ginge darum, endlich auf den Tisch zu hauen und machtvoll aufzutreten. Das ist ein Irrtum. Ja, es mag einige wenige Situationen geben, in denen tatsächlich die Grenze nicht nur verbal, sondern auch analog, also mit härterem Tonfall und strenger Klarheit zu ziehen ist. Allerdings nur dann, wenn man eine Strategie bereit hat, wie man die Verhandlungspartner wieder für die eigene Sache gewinnt.

Denken Sie an die Aussagen in den vorangegangenen Kapiteln; an Ihre natürliche Reaktion, wenn Sie unter Druck gesetzt werden. Diese ist immer Verteidigung oder Aufbau von Schutz. Und genau das sollte man zumindest nicht wollen, schon gar nicht, wenn es um eine Serie von Verhandlungsepisoden geht.

4.6.6 Das Drehbuch schreiben

Die folgenden Skripte dienen als grobe Vorlage, mit der Sie den Verlauf Ihrer Verhandlung planen und diese konsistent und emotionalisierend gestalten können.

Nicht jedes Skript lässt sich überall einsetzen. Suchen Sie sich daher eines aus, welches Ihnen besonders liegt oder welches sich für Ihr Anliegen besonders eignet. Ich selbst habe eine gewisse Vorliebe für das Fünf-Stufen-Skript, es hat einen für mich schlüssigen Aufbau und entspricht meiner Art zu denken (vgl. Kapitel 5.8.2). Erst nachdem ich mich mit diesem Skript und daher dem Konzept des Storyline-Verhandelns angefreundet hatte, habe ich begonnen, auch andere Skripte einzusetzen, wobei ich mit dem vereinfachten Heldenreisen-Skript sehr erstaunliche Erfolge erzielen konnte – kein Wunder, dass viele Hollywood-Drehbücher nach diesem Modell geschrieben wurden.

Was die Sache komplexer machen kann: Vermutlich werden Sie nicht immer alleine verhandeln, meist ist es so, dass man vor allem bei umfangreichen und großvolumigen Verhandlungen mit ganzen Teams antritt. Dann bleibt einem nicht erspart, das ganze Team auf diese Methode vorzubereiten und auf die Storyline einzuschwören. Sie können es tatsächlich mit einem guten Film vergleichen: Wenn die Regie nicht passt, kommt der Clown möglicherweise zum unpassenden Zeitpunkt und vernichtet die romantische Szene mit seinem Einsatz.

So habe ich immer wieder erlebt, dass in Verhandlungen mit Teams einzelne Kollegen Ihre Beiträge nicht zu dem Zeitpunkt vorstellten, wenn es inhaltlich und von der Dramaturgie gepasst hätte, sondern wenn sie subjektiv den Eindruck hatten, zu lange nichts gesagt zu haben.

Das Generell-Speziell-Skript

Bei der logischen Herleitung ist es oft so, dass man mit einem Prinzip beginnt, um dann dieses auf die spezifische Situation übertragen zu können. Dabei sind beide Richtungen möglich, denn umgekehrt funktioniert es genauso: Man beginnt mit einer speziellen Situation und leitet von dieser ein Prinzip ab, um es wieder auf eine andere spezielle Situation zu übertragen.

Zu abstrakt? Habe ich mir gedacht, denn das war der generelle Teil. Deswegen finden Sie hier nun ein einfaches Beispiel.

Generell	Speziell
Zusammenarbeit ist immer förderlich, wenn es darum geht, schwierige Aufgaben zu meistern.	Die gemeinsame Entwicklung des neuen Hybridantriebs ist so eine schwierige Aufgabe, also lasst uns schauen, wie wir unsere Zusammenarbeit konkret organisieren.

Auch wenn dies nur eine verbundene Aussage ist, können Sie vermutlich ableiten, wie das Vorgehen ist.

Im ersten Schritt sammeln und diskutieren Sie mit den Verhandlungspartnern die Prinzipien, die für die konkrete Verhandlungsfrage relevant sind. Dann übertragen Sie diese auf die konkrete Verhandlungssituation. Das können Bewertungskriterien sein, übliche Vorgehensweisen bei der Geschäftsabwicklung etc.

Bei der Verhandlung unterstützt Sie schließlich das akzeptierte Prinzip. Wenn Sie dort eine Zustimmung verhandelt haben, können Sie sich immer wieder darauf beziehen.

Den umgekehrten Weg gehen Sie, wenn Sie eine bereits erfolgreiche Verhandlungssituation oder einen gemeinsamen Erfolg als Referenzgröße zur Übertragung auf eine andere Verhandlungssituation nutzen wollen.

Das chronologische Skript

Wenn Ihnen gar kein passendes Skript zur Strukturierung einfällt oder passend erscheint, dann wählen Sie die chronologische Reihenfolge. Viele Verhandler sind dann geneigt, das Prioritätenschema anzuwenden. Davon rate ich ab, denn die meisten kennen nur ihre eigenen Prioritäten (z. B. neue Referenzkunden gewinnen). Das können ganz andere sein als die Prioritäten des Verhandlungspartners (z. B. Kostenoptimierung). Das führt dann meistens dazu, dass beide Seiten aneinander vorbei verhandeln. Dadurch gerät man leicht in eine Negativschleife und provoziert unnötigen Widerstand, der sich dann nicht gegen die Sache oder den Verhandlungsgegenstand, sondern eben gegen die Prioritäten richtet.

Das chronologische Skript hat den Vorteil, dass Sie sich anhand der Zeitlinie orientieren können, und wenn die faktische Darstellung der Ereignisse korrekt ist, führt das auch anfangs zu einem Zustimmungssetting, auf dem dann entweder die Prioritäten oder ein anderes Skript aufgesetzt werden können.

Ein weiterer Vorteil ist die objektive Grundlage – die Zeitleiste. Daher eignet es sich auch gut zum Üben von Storyline-Verhandlungen, auch wenn die Überzeugungs- und Durchsetzungswirkung geringer ist.

Die Heldenreise

Die bereits erwähnte Heldenreise ist eine weitverbreitete Struktur für Drehbuchautoren. Und genau das sind Sie auch, wenn Sie das Drehbuch, die Storyline, für Ihre Verhandlung entwerfen. Das Grundmuster ist sehr alt und wurde von dem amerikanischen Mythenforscher Joseph Campbell[31] erforscht, Christopher Vogler[32] hat das Modell schließlich weiter adaptiert.

Die folgende Tabelle zeigt die Parallelen und Übertragungsmöglichkeiten auf die einzelnen Phasen in einer Verhandlung, analog zu der vereinfachten Heldenreise:

Heldenreise in der Literatur	Heldenreise in der Verhandlung
Die Phase des Aufbruchs	
1. Der Status quo wird vorgestellt. 2. Ein Auslöser setzt die Handlung in Gang. 3. Es gibt erste Hinweise für die Protagonisten. 4. Noch wird gezögert, viele raten dem Helden ab, auf die Reise zu gehen. 5. Weitere Reisegefährten gesellen sich dazu.	Sammeln aller bekannten Fakten für den gegenwärtig bekannten Stand. Clustern der Fragen, die auf die Beteiligten in der Verhandlung zukommen werden, inklusive vermuteter Schwierigkeiten. Zusammenstellen des Teams, das den Weg der gemeinsamen Verhandlungen gehen wird.
Die Phase der Prüfung	
6. Die Abenteuer beginnen, der Held reift. 7. Es gibt Prüfungen vor und nach dem Wendepunkt. 8. Der Moment der Selbsterkenntnis öffnet den Weg zur Ankunft.	Bekannte Schwierigkeiten werden früh, aber nicht gleich zu Anfang adressiert. Gemeinsam löst man die ersten Probleme. Sobald eine kritische Menge an Problemen gelöst ist, geht es in Richtung Finale.

31 Joseph Campbell: Der Heros in tausend Gestalten (= Insel-Taschenbuch 2556). Insel-Verlag, Frankfurt am Main u. a. 1953/1999.

32 Christopher Vogler: Die Odyssee der Drehbuchschreiber, Romanautoren und Dramatiker. Mythologische Grundmuster für Schriftsteller. Autorenhaus, Berlin 2018.

Heldenreise in der Literatur	Heldenreise in der Verhandlung
Die Phase der Ankunft	
9. Finale Auseinandersetzung. 10. Klären aller offenen Fragen und Geheimnisse. 11. Meistern oder Scheitern des Helden. 12. Epilog mit Lehre und Bestätigung.	Preisverhandlung. Größtmögliche Transparenz zwischen den Verhandlern. Abholen des O.K. von den Entscheidern (sofern nicht in der Verhandlung). Feiern des Erfolgs.

Tab. 5: Das Schema der Heldenreise in Verhandlungen

Diese Struktur ist deutlich komplexer und kann oft aufgrund von sachlichen Zwängen nicht konsequent eingehalten werden. Vor allem im Mittelteil habe ich oft erlebt, dass es einige Schleifen gab, die wieder zum Anfang zurückführten oder zum Austausch von Protagonisten, die dann doch in der »Phase der Ankunft« gescheitert sind, weil es keinen Lösungsraum gab.

Aber was oft hilft, ist die stark verkürzte Einteilung in Aufbruch – Prüfung – Ankunft. Diese einfache und klare Zuordnung hilft gerade bei sehr aufwendigen und langwierigen Verhandlungsprozessen, um die nötige Disziplin und Kraft für das Durchhalten aufzubringen. Und an dieser Stelle möchte ich meine Kollegin Susanne Nickel zitieren: »Wer durchhält, wird belohnt.«

Das Fünf-Stufen-Skript

Dieses Skript habe ich von einem Modell, das ich für die Formulierung von starken Aussagen entwickelt habe, abgeleitet. Da es sich nicht nur für starke Aussagen eignet, sondern sogar als Master-Vorlage für Workshops, kam mir die Idee, es auch als Grundstruktur für Verhandlungen einzusetzen. Hier die tabellarische Darstellung mit der Beschreibung, was in den einzelnen Verhandlungsphasen geschieht.

Phase	Was in der Verhandlung geschieht
1. Situation	Reine Sammlung von relevanten Fakten, Regularien, gesetzlichen Grundlagen, Marktdaten, unangefochtenen Statistiken, Messungen etc., die für den Verhandlungsgegenstand relevant sind. Diese Phase kann auch in Form eines Workshops geschehen. Wichtig ist nur: Alles ist Beschreibung, es gibt in dieser Phase keine Wertungen wie »wichtig« oder »unwichtig«.

Phase	Was in der Verhandlung geschieht
2. Problem	In der Problemphase sammeln beide Seiten das, was für sie in Bezug auf das Thema schwierig, aufwendig, mühsam oder schädlich ist. Als geschickter Verhandler lenkt man hier das Thema vor allem auf die Probleme, die der Verhandlungspartner hat, und nicht auf die eigenen. So versucht der Lieferant, den Mangel an qualitativer Ware und die allgemeine Verfügbarkeit zum Thema zu machen, der Kunde wiederum würde versuchen, den Schmerz des Lieferanten – zu wenig Aufträge, enorme Konkurrenz etc. – zu lancieren. Vom Geschick der Verhandler, wie wirksam und emotional sie die potenziellen Sorgen und Ängste in dieser Phase adressieren, hängt das Standing in den folgenden Phasen ab.
3. Ziel	Nun geht es um die Zielsetzung. Hier sollten beide versuchen, ein gemeinsames Ziel zu definieren, das für beide im Bereich der realistischen Möglichkeiten liegt. Das Ziel ist wieder eine objektive, eine rationale Größe, das nach den üblichen Zielkriterien zu formulieren ist. In diesem Kapitel bereiten die Verhandlungsparteien den Lösungsraum vor.
4. Mehrwert	Was ist der Nutzen für beide Seiten, wenn sie das gemeinsame Ziel erreichen? Was haben sie davon? Was bringt es für die Organisationen, die Teams und die Einzelpersonen?
5. Aktion	Schließlich der Abschluss: Nun geht es um die Folgeaktionen und der Frage, was als Nächstes zu tun ist. Während der Mehrwert eine emotionale Adresse ist, geht es in dieser Phase um die konkreten Vereinbarungen für den nächsten Schritt.

Tab. 6: Das Fünf-Stufen-Skript

Vor allem in komplexen Verhandlungssituationen habe ich mit diesem Skript gute Erfolge erzielen können, da durch diese Struktur eine verbindliche Ergebniskette sichergestellt wird. Auch logisch orientierte oder methodisch strukturierte Menschen tun sich mit dieser Struktur leicht. Auch hier gilt: Sie funktioniert nur, wenn sie konsequent eingehalten wird und man in den einzelnen Phasen nicht beginnt, hin und her zu springen.

4.6.7 Verhandeln ist kein Stegreifakt

Ich will Ihnen gar nicht unterstellen, dass Sie das angenommen haben. Dennoch erlebe ich in meiner beruflichen Praxis immer wieder Experten in Verhandlungen, die zwar fachlich hochgerüstet sind, jedoch komplett unvorbereitet sind, was die Gestaltung der Verhandlung betrifft.

Die größte Schwierigkeit für mich, in der ich meine ganzen Verhandlungs- und Überzeugungskünste aufbringen muss, besteht darin, Vorstände zu überzeugen, die Verhandlung nicht nur »am Papier« vorzubereiten, sondern auch das Delivery, also die eigentlichen Verhandlungsepisoden oder einzelnen Sequenzen einzuüben. Vor allem, wenn es sich um Verhandlungsteams handelt.

Manche meinen auch, es reiche, die wesentlichen Fakten zusammenzutragen, um in die Verhandlung zu gehen. Das ist so, als würde der Koch meinen, das Einkaufen der Zutaten reiche aus, um ein Spitzengericht auf den Tisch zu zaubern. Ohne gescheites Rezept wird das nichts werden, und das Erfolgsrezept für die Verhandlung ist die Strategie.

Natürlich muss man das Handwerk auch beherrschen. Dabei geht es um den Einsatz der Tools, die in Kapitel 5 vorgestellt werden. Aber ob jemand Starkoch wird oder bloßer Sättigungssichersteller, das liegt an den persönlichen Qualitäten, in unserem Fall an der Verhandlungspersönlichkeit.

Unter dem Strich bleibt: Je komplexer das Thema, umso aufwendiger die Vorbereitung für die Verhandlungsstrategie, umso größer der Ertrag. Es ist also eine simple »Return on Investment«-Entscheidung.

4.7 Der richtige Kanal

Wie kommt die richtige Botschaft an die richtige Person? Bei dieser Frage geht es um die **Kommunikationskanäle**, die uns in Verhandlungen zur Verfügung stehen. Dabei ist es egal, ob es Verhandlungen, Führungssituationen oder Konfliktgespräche, Motivationsgespräche sind oder es um bloßen Informationsaustausch geht. Die Charakteristik der einzelnen Kanäle bleibt gleich.

Und wenn Sie die Auflistung in Tabelle 7 zu den Kommunikationskanälen durchgehen, werden Sie feststellen, dass Sie beim Verhandeln alle Kategorien einsetzen werden:

- Sie haben Informationsteile, bei denen es um optimale, schlüssige Informationen geht. Das Ziel: Ihre Gesprächspartner zu überzeugen.
- Sie werden mit Einwänden zu tun haben, die möglicherweise zu einem Konflikt führen.
- Wenn es Ihnen gelingt, Ihre Verhandlungspartner zu motivieren und sie für Ihre Sache sogar zu begeistern, ist Ihnen viel gelungen.

4.7.1 Die Eigenheiten der Kommunikationskanäle

In der folgenden Tabelle zeigen wir die Medien und die Elemente, die die Kontaktqualität ausmachen. Dabei lassen sich vier Informationsqualitäten unterscheiden: visuelle

Reize, Sprache/Worte, Akustik (Stimme, Tonalität) und Haptik. Die letzte Kategorie zeigt noch, ob eine direkte Reaktion möglich oder sogar nötig ist.

Ein Blick auf die folgende Tabelle genügt, um zu sehen, dass nur der direkte Kontakt, die persönliche Anwesenheit, alle Informationsqualitäten enthält. E-Mail und SMS stehen am Ende dieser Tabelle, wobei Short Messages zudem durch ihre Kürze eingeschränkt sind.

	Visuelle Reize erkennen	**Worte verstehen**	**Stimme hören**	**Berührung, Haptik**	**Direkte Reaktion erfassen**
Persönliche Anwesenheit	x	x	x	x	x
Video-Konferenz	x	x	x		x
Telefon		x	x		x
Chat	x	x			Wenn alle online
(virtuelle) Whiteboards Pinnwände	x	x			Wenn alle online
Voicemail		x	x		
Brief	x	x		x	
E-Mail	x	x			
SMS	x				

Tab. 7: Medien und ihr Einfluss auf die Kontaktqualität in Verhandlungen

4.7.2 Der direkte Kontakt

Da im direkten Kontakt alle Kanäle aktiviert sind und die Beziehungsdichte am höchsten ist, sind diese Kontakte zumindest am Anfang einer Verhandlung oder Verhandlungsserie besonders zu beachten.

Aber wann beginnt eine Verhandlung eigentlich? Die Antwort ist eindeutig: Beim ersten Treffen. Auch wenn ich Sprüche wie »Sie haben nie eine zweite Chance für einen ersten Eindruck« nicht mag, da ich das Prinzip des ersten Eindrucks für falsch halte, gilt es doch für viele Menschen. Nur ein Gedanke zum ersten Eindruck: Ich habe meine aktivste Zeit am Tag gegen 11.00 Uhr bzw. über den Nachmittag verteilt. Wenn Sie mir morgens um 7.30 begegnen, werde ich eher wortkarg erscheinen, was – alle, die mich kennen, werden es bestätigen – nicht zu meinen typischen Eigenschaften zählt. Ich rede gerne und manchmal auch viel.

Der erste Eindruck täuscht also häufig und doch hat er soziologisch eine große Bedeutung. Daher ist hier meine Empfehlung, selber nicht allzu viel auf den ersten Eindruck zu geben, allerdings selbst sehr vorsichtig damit umzugehen.

Wenn ich Sie überzeugen konnte, dass die Verhandlung mit dem ersten Kontakt beginnt, da hier – frei nach der Dramaturgie – die Protagonisten der folgenden Verhandlungsdramaturgie bekannt werden, macht es Sinn, sich gerade für die ersten Kontakte besonders vorzubereiten. Einen guten Teil dieser Vorbereitung erledigen Sie im Profiling Ihrer Verhandlungspartner, der zweite Teil besteht darin, sich auf die Gesprächspartner so einzustellen, dass diese sich maximal wohl fühlen. Vertreter der alten Schule könnten nun sagen: Wohlfühlen? Wieso wohlfühlen? Die sollen eingeschüchtert sein. »Old School« ist alles, was ich dazu sagen kann. Very old and outdated, denn wieder die Frage: Wenn ich jemanden gewinnen will, wie kann dann Einschüchtern eine gute Strategie sein?

Die Anpassung der eigenen Präsentation an die Umgebung, in der das Gespräch stattfindet, kann zusätzlich helfen. Ein konservativer Dreiteiler in erfrischend schattigem Grau ist für den Kontakt mit dynamischen Gründern eines IT-Start-ups möglicherweise ebenso ungünstig wie ein Hawaiihemd bei einem Termin mit Investment-Bankern.

Auch hier kommt wieder das bereits zitierte soziale Kapital ins Spiel. Die Zugehörigkeit zu einer bestimmten Gruppe drückt sich in sozialen Zeichen wie Sprache, Kleidung, bestimmten Verhaltensformen aus. Je authentischer Sie sich innerhalb Ihres Wohlfühlrahmens an die Gewohnheiten Ihrer Verhandlungszielgruppe anpassen können, umso leichter wird der erste Kontakt fallen.

Noch ein Nachtrag zur Frage, warum der erste Kontakt doch wichtig ist – mit allen zuvor benannten Einschränkungen: Kein Mensch kann anderen wertfrei begegnen. Projektionen, intuitive Reaktionen können wir zwar bewusst machen und daher beeinflussen, aber nicht abschalten. Damit startet beim ersten Kontakt bereits die Beziehungskettenreaktion, die je nach Anstellwinkel – sympathisch oder unsympathisch – nach Bestätigungen für die erste Annahme sucht.

Was tun Sie, wenn Ihnen jemand unsympathisch ist? Dann werden Sie vermutlich, wie die meisten anderen Menschen auch, nach objektivierbaren Gründen suchen, die Ihre Ablehnung begründen. Dieses Prinzip hat Paul Watzlawick in seiner »Anleitung zum Unglücklichsein«[33] treffend beschrieben, die relevante Anekdote nennt sich: »Die Geschichte mit dem Hammer«.

33 Vgl. Paul Watzlawick: Anleitung zum Unglücklichsein. 15. Auflage, Piper-TB 4938, München 2009 (Erstausgabe 1983).

Tiefere Einblicke gibt die Neurowissenschaft, die mit dem Prinzip der Spiegelneuronen seit Giacomo Rizzolatti 1992 dieses Phänomen bei Makaken entdeckt und beschrieben hat.[34] Was für Makaken gilt, gilt auch für Menschen. Damit konnte jedenfalls die phänomenologisch bereits nachgewiesene Wirkung des Spiegelns in Haltung und Kommunikation auf wissenschaftlich biologischer Ebene bewiesen werden.

Spiegeln – das Herstellen einer Symmetrie in Position, Tonalität und Wortmenge – hilft nachweislich, eine bessere Kommunikationsbasis herzustellen. Und genau das gelingt in persönlichen Meetings, beim direkten Kontakt am besten.

4.7.3 Die Videokonferenz

Neulich hatte ich wieder das Thema mit Mitarbeitern in unserer IT Firma. Wir hatten eine Videokonferenz und der einzige, der sein Antlitz in den Äther strahlte, war ich. »Kamera an, bitte!« Zögerlich schalteten sich ein paar ein, nur einer meinte, es sei wohl seine Entscheidung.

Meine Gegenfrage: »Wenn wir ein Onsite-Meeting haben, ist es dann deine Entscheidung, ob du kommst? Oder dich doch lieber in den Nachbarraum setzt?« Mit etwas Grummeln ging dann doch die Kamera an, das Hintergrundbild zeigte den Todesstern aus der Star-Wars-Serie. Ich war amüsiert.

Noch immer verwenden viele Microsoft Teams & Co als reine Telefonkonferenz und verzichten so auf wertvolle Kontaktqualität, hier nur eine kleine Auswahl an Gründen, warum ich Ihnen gerade in Verhandlungen empfehle, wenn ein Präsenzmeeting nicht möglich ist, auf eine Videokonferenz (mit Kamera) statt einer Telefonkonferenz auszuweichen:

- Die Aufmerksamkeit ist signifikant höher.
- Nebenbeschäftigungen wie E-Mails lesen etc. scheiden (weitgehend) aus.
- Sie sehen die nonverbalen Reaktionen Ihrer Verhandlungspartner.

Gerade der letzte Punkt ist entscheidend. Wenn Sie ein wichtiges Argument vorbringen und Ihr Verhandlungspartner zieht die Stirn kraus, werden Sie vermutlich darauf eingehen. Was aber, wenn Sie nur telefonieren? Viele nonverbale Signale der Zustimmung oder Ablehnung können kongruent – also stimmig – nicht nur durch die Stimme, sondern mit der mimischen Reaktion interpretiert werden.

34 Giacomo Rizzolatti: *Empathie und Spiegelneuronen: Die biologische Basis des Mitgefühls*, Suhrkamp Verlag 2008.

Das hat auch der iranische Professor Albert Mehrabian in seiner vermutlich meist fehlinterpretierten Untersuchung zur Kommunikation festgestellt.[35] Seine Studie ergab, dass für Sympathie und Glaubwürdigkeit (und nicht Kommunikation allgemein) nur zu 7 % die tatsächlichen Wörter, aber zu 93 % Tonalität und Körpersprache verantwortlich seien.

Einen interessanten Effekt konnte ich bei Videoverhandlungen bemerken: Die Sympathie- bzw. Antipathiewirkungen waren deutlich eingeschränkt. Das kann sogar als Vorteil genutzt werden. Ich habe schon öfter erlebt, dass die ersten Verhandlungsrunden online liefen und wir gemeinsam schon für beide Seiten zufriedenstellende Zwischenergebnisse erzielen konnten. Das zahlte gleichzeitig auf unser Beziehungskonto ein. Das erste physische Gespräch fand dann unter positiven Vorzeichen statt.

Nach meiner Einschätzung waren wir als Typen so unterschiedlich, dass der Start auch schwieriger hätte sein können. Die Kehrseite der Medaille: Vertrauensaufbau dauert über den Schirm auch länger, und vor allem wenn es um Mitarbeiter geht, entwickelt sich die soziale Bindung und die Loyalität zum Unternehmen ebenfalls schleppender.

Tipps für die erfolgreiche Durchführung von Videokonferenzen

Beleuchtung: Achten Sie darauf, dass Sie gut ausgeleuchtet sind. Am besten von vorne. Und wenn Sie weder Kosten noch Mühe scheuen wollen, gönnen Sie sich eine Ringleuchte. Achtung, vor allem für Herren: In diesem Fall brauchen Sie vermutlich ein Hautpuder, sonst glänzt es auf der Stirn.

Hintergrund: Ein neutraler Hintergrund ist besser als die meisten Hintergrundeffekte. Auch wenn wir die Weichzeichner von Teams inzwischen gewohnt sind – meist kommt es doch zu Pixelungen oder Verzerrungen. Ausnahme: Sie haben ein Greenscreen-Setup, dann können Sie alles einblenden.

Positionierung der Kamera: Augenhöhe ist nicht nur eine Haltung, sondern findet tatsächlich statt. Die halbe Welt hat zu Beginn der Pandemie im wahrsten Sinne des Wortes auf die Gesprächspartner herabgesehen. Um das zu vermeiden, verwende ich einen variablen Notebookständer und bringe so die Kamera auf Augenhöhe. Das kostet weniger als 20 Euro, ist mobil und hilft zusätzlich beim ergonomischen Arbeiten. Vor allem bei endlosen Verhandlungen sollte man die positive Wirkung für die Wirbelsäule nicht unterschätzen.

Ton: Sie haben die Wahl: professionelles Headset oder Gaming-Kopfhörer, die einen Mickey-Mouse-Effekt haben. Ich verwende ein schlankes hochwertiges Profiheadset,

35 Albert Mehrabian: *Silent Messages: Implicit Communication of Emotions and Attitudes* (2. Aufl.). Belmont 1981.

welches nur ein Ohr »bedient«. Aber das überlasse ich Ihnen. Ohne Headset würde ich keinesfalls arbeiten, denn die Wahrscheinlichkeit, dass dadurch Stör- und Nebengeräusche übertragen werden, ist sehr hoch.

Ein wesentlicher Vorteil gegenüber physischen Meetings sind die einfachen Visualisierungen über Bildschirmteilung, rasche Nutzung von Whiteboards oder sonstigen Kollaborationsinstrumenten.

Die Bildschirmteilung und das gemeinsame Durchgehen von Daten und Fakten unterstützt einen stärkeren Fokus, als es beim Beamen der Fall ist. Ich habe häufiger gesehen, dass der eine oder die andere Entscheiderin verstohlen mit dem Smartphone gespielt hat – interessanterweise ist bei Videoverhandlungen die Disziplin tendenziell höher.

Zusammenfassend: Videokonferenzen sind zwar seit der Erfindung von Skype 2003 kostenfrei möglich, haben sich aber erst seit der Corona-Pandemie in der Breite durchgesetzt. Die Tendenz wird eher steigen als abnehmen, da die Kosten und der zeitliche Aufwand für ein Präsenzmeeting ein Mehrfaches sind. Je früher Sie also ein professionelles und für Sie komfortables Setup einrichten, umso besser.

4.7.4 Verhandlungen am Telefon

Natürlich gibt es noch Telefonverhandlungen oder Telefonkonferenzen. Meine klare Empfehlung dazu lautet: Machen Sie so wenig wie möglich über das Telefon: Das Telefonat bindet Sie genauso wie eine Videokonferenz, nur haben Sie keinen visuellen Kontakt und auch nicht die Möglichkeit, gemeinsam auf Dokumente zu sehen.

Der Einsatz des Telefons empfiehlt sich, wenn es um schnelle Abstimmungen geht, die schnelle Klärung von Einzelfragen oder um Koordinationsaufgaben.

Da inzwischen die meisten Video-Apps auch auf Smartphones tadellos funktionieren, ist auch diese Variante, wenn auch nur für kürzere Sequenzen, besser geeignet.

Eine Gruppe allerdings verwendet noch immer gerne das Telefon: Das sind die quasi industriellen Serienverhandlungen, häufig auch von Großkonzernen, in denen Sachbearbeiter bei geringvolumigen Angeboten nochmals schnell ein paar Prozentpunkte erzielen wollen. Bei diesen Organisationen gehört der Einsatz des Telefons zur Methode, denn die Telefonverhandler rechnen damit, die Anbieter »ungelegen« zu erreichen und so die 2 bis 5 % einfahren zu können. Das Konzept ist tatsächlich erfolgreich, daher wird es vermutlich nicht so bald aussterben.

4.7.5 Verhandlungen über E-Mail

Ein Kunde von uns steuert die meisten Verhandlungen über E-Mail, und zwar so, dass nur in der letzten Phase der Verhandlung oder wenn es zu Eskalationen kommt eine Videokonferenz einberufen wird. Es geht um eine Abteilung, die bei Transport und Verpackungen um Optimierungen verhandelt. Für diesen Kunden haben wir eine eigene Methode entwickelt, die wir inzwischen weiterentwickelt und auf mehrere Situationen angepasst haben.

E-Mails sind nach wie vor ein wichtiges Kommunikationsmittel in Unternehmen. Integrierte Kommunikationstools wie die Kanäle in Teams beginnen zwar innerhalb von Unternehmen die E-Mail-Kommunikation abzulösen, zwischen Unternehmen wird es wohl noch einige Zeit einen starken Mailverkehr geben.

Wo und wann lesen Sie Ihre E-Mails?
Wenn Sie sich an die Statistik halten, lesen Sie Ihre E-Mails heute mehrheitlich auf Ihrem mobilen Device, wie auch die folgende Statistik aus dem Mailjet-Blog bestätigt (vgl. Abb. 6).[36] Von 2011 bis 2020 haben sich die Lesegewohnheiten dahingehend geändert, dass die überwiegende Mehrheit der E-Mails nicht mehr am Desktop im Büro oder zu Hause gelesen wird, sondern am mobilen Gerät.

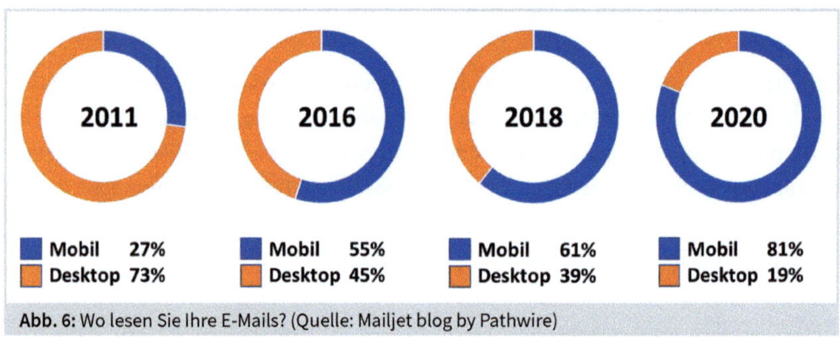

Abb. 6: Wo lesen Sie Ihre E-Mails? (Quelle: Mailjet blog by Pathwire)

Vor allem Entscheider nutzen die Möglichkeit, Ihre E-Mails unterwegs zu lesen. Hoffentlich nicht im Auto, sicher in öffentlichen Verkehrsmitteln und recht häufig in Meetings. Eines ist bei allen Situationen gleich: Sie können davon ausgehen, dass die Empfänger der E-Mails zumindest beim ersten Lesen nicht die volle Aufmerksamkeit für Ihren Inhalt haben dürften.

36 Vgl. https://www.mailjet.de/blog/?tag=e-mail-kennzahlen.

Machen Sie einmal folgenden Versuch: Nehmen Sie eine E-Mail mit wichtigem Inhalt, idealerweise eine, die Sie gerade schreiben. Und dann verändern Sie den Rahmen so, dass das Fenster in etwa die Größe eines Smartphones hat. Nun überprüfen Sie, welche Wirkung die E-Mail auf Sie hat. Ist sie freundlich? Gewinnend? Offensiv? Vorwurfsvoll? Diese emotionale Qualität ist entscheidend für die Frage, wie die E-Mail von dem Empfänger gelesen wird.

Die Smartphone-Regel

Da die Wahrscheinlichkeit sehr hoch ist, dass der Empfänger Ihre E-Mail am Smartphone lesen wird, empfehle ich folgendes Vorgehen:

- Ziehen Sie das Standardfenster, in dem Sie Ihre E-Mails schreiben, auf die Größe eines Smartphones.
- Achten Sie darauf, dass Sie in den ersten drei Zeilen nur freundliche oder positive Inhalte schreiben.
- Verwenden Sie dazu Standardformulierungen wie: »Besten Dank für Ihre E-Mail«, »Vielen Dank für die ausführliche Darstellung« etc.
- Deuten Sie eine Struktur an, indem Sie die Inhalte Ihrer E-Mail in Absätzen strukturieren. Die Absätze sollten durch Nummerierung oder Punktlisten gegliedert sein.
- Enden Sie, wie Sie begonnen haben: freundlich.

E-Mails taugen nicht für emotionale Botschaften. Sie wissen nicht, wann und in welcher Verfassung der Empfänger Ihre E-Mail öffnet. Sie sehen die Reaktionen nicht und können auf diese nicht eingehen. Wer meint, mit E-Mails Konflikte lösen zu können, irrt. Wer glaubt, dies mit einem großen Verteiler zu erreichen, irrt gewaltig.

Der Konzeptvorteil

Einen wesentlichen Vorteil haben Sie noch. Kein Mensch erwartet, dass Sie innerhalb weniger Sekunden auf eine E-Mail antworten. Daher können Sie in Ruhe überlegen, *was* Sie schreiben wollen, *wie* Sie die Nachricht strukturieren und gestalten wollen. Wer eine E-Mail in einer Verhandlungsserie einfach mal so in den Schirm klopft, verspielt diesen Vorteil.

Nun kann es sein, dass das, was Sie zu schreiben haben, doch komplexer und umfangreicher ist. Wenn Sie am Ende feststellen, dass der Umfang Ihrer E-Mail 1,5 Seiten übersteigt, können Sie Folgendes machen:

- Kopieren Sie den Text auf eine Firmenpapier-Vorlage.
- Fügen Sie einen offiziellen Adressaten hinzu.
- Speichern Sie das ganze als PDF und hängen es an die E-Mail an.

Was erreichen Sie damit: Der Inhalt wird durch die Gestaltung zum offiziellen Dokument aufgewertet. Kaum jemand öffnet PDFs, wenn er unterwegs ist, damit begünstigen Sie eine sorgfältigere Auseinandersetzung mit Ihren Inhalten. Auch eine E-Mail kann man weiterleiten, es bleibt halt eine E-Mail, ein Dokument hat dagegen in der Wahrnehmung der Leser ein größeres Gewicht. So können Sie bei längeren E-Mails nochmals mehr Wirkung erzeugen. Richtig eingesetzt ist die E-Mail – mit Dokumenten – daher ein wichtiger und wertvoller Assistenzkanal für Verhandlungen.

4.7.6 Chat, SMS & Co

Nach meiner Erfahrung haben Messaging-Services keine große Bedeutung für Verhandlungen. Ich sehe darin eher Sicherheitslücken und das Risiko für Missverständnisse. Wenn, dann kann man diese Services als Nudge, also Stupser, einsetzen, zum Beispiel die Mitteilung von Kurzinformationen, dass ein Dokument versendet wurde.

4.7.7 Der Zweck der Botschaft definiert den Kanal

Abschließend erhalten Sie einen Überblick, um zu entscheiden, wann welcher Kanal für welchen Zweck empfohlen wird. Dazu dienen die folgenden Fragen:

- Erwartet der Sender eine sofortige Antwort/Reaktion?
- Geht es um eine reine Information, die in sich schlüssig und komplett aufbereitet ist?
- Sollte die Information auch anderen in der gleichen Qualität zugänglich sein?
- Sind emotionale Reaktionen zu erwarten?
- Sind mehrere Personen beteiligt?
- Geht es um die gemeinsame Entwicklung von Lösungen oder Optionen?
- Brauche ich persönlich eine verbindliche Zustimmung, zum Beispiel für einen Zwischenschritt?

In der Gestaltung meiner bisherigen Verhandlungen habe ich mich an folgende Daumenregel gehalten. Wenn ein komplexes Thema behandelt wird, welches mehrere Episoden wahrscheinlich oder sicher macht und das sich über mehr als zwei oder drei Monate hinziehen kann, versuche ich anfangs zwei bis drei persönliche oder Videokonferenz-Runden zu gestalten. Nach jeder »Live-Runde« gibt es Dokumentationsrunden, vor jeder nachfolgenden versuche ich bereits, Informationen gezielt für das Priming des Folgetermins einzusetzen.

4.8 Distributive und integrative Verhandlungsstrategien

Es gibt zwei Hauptansätze für Verhandlungen, die auf der Haltung der Verhandlungsparteien basieren: distributive und integrative Strategien. Um die geeignetste Strategie für eine bestimmte Situation auszuwählen, ist es wichtig, den Unterschied zwischen distributiven und integrativen Verhandlungsstrategien zu verstehen. Schauen wir uns an, was jede dieser beiden Strategien beinhaltet, damit wir eine Vorstellung davon bekommen, wann wir sie anwenden sollten.

4.8.1 Wert verteilen – die distributive Strategie

Diese Strategie ist auch unter der Bezeichnung »Tortenstrategie« bekannt, da sie die Aufteilung von Anteilen einer endlichen Ressource unter den Verhandlungspartnern beinhaltet. Wenn sich also jemand ein Tortenstück abgeschnitten hat, gibt es entsprechend weniger.

Da die Ressourcen begrenzt sind, betrachtet jede Verhandlungspartei jede andere Partei als Gegner, was sich auch in der Debatte über die Aufteilung der Anteile widerspiegelt. Jede Partei versucht, ihr Bestes zu geben, um einen größeren Anteil an den Ressourcen zu ergattern.

4.8.2 Wert schaffen – die integrative Strategie

Eine integrative Verhandlung ist möglich, wenn die Parteien gemeinsame Interessen haben oder die Möglichkeit, durch den Handel mit mehreren Themen gegenseitige Vorteile zu erzielen. Das setzt meist die Existenz mehrerer Themen voraus: Wann immer mehrere Themen vorhanden sind – zum Beispiel Gehalt, Firmenwagen und sonstige Boni im Falle einer Stellenverhandlung –, haben die Verhandlungsführer die Möglichkeit, Kompromisse zwischen den Themen zu schließen und einen Mehrwert zu schaffen. Was wie eine distributive Verhandlung aussieht, ist in Wirklichkeit oft eine integrative Verhandlung.

Diese Strategie wird auch **Value Creation Strategy** genannt, da die Verhandlung darauf ausgerichtet ist, durch das gemeinsame Schaffen von weiteren Optionen für alle Beteiligten Mehrwert zu generieren.

Bei integrativen Verhandlungen kann die Kreativität zu einer Wertschöpfung für beide Parteien führen. Es kann jedoch schwierig sein, mitten im Kooperationsprozess innovative Ideen zu entwickeln. Wie also kann ein geschickter Verhandlungsführer seine Denkweise ändern, um kreativer zu werden? Wie können Sie zusätzliche Werte aufdecken, nützliche Tauschgeschäfte machen und ein Paket schnüren, das die Erwartungen Ihrer Partei übertrifft?

Distributive vs. integrative Verhandlungsstrategien
Die kurzen Beschreibungen der beiden Strategien verdeutlichen den offensichtlichen Unterschied, den ich hier nochmals in einer Übersicht darstellen möchte:

1. Die distributive Verhandlung läuft meist auf eine Win-lose-Situation hinaus, in der einige Parteien im Vorteil sind und die anderen verlieren. Die integrative Verhandlung hingegen schafft eine Win-win-Situation für alle Parteien.
2. Die distributive Verhandlung ist wettbewerbsorientiert und setzt voraus, dass jeder jeden als Konkurrenten betrachtet, während die integrative Verhandlung auf Kooperation ausgerichtet ist.
3. Die integrative Verhandlung ist ein Instrument zur Konfliktbewältigung, während die distributive Verhandlung die Konflikte weiter verschärft.
4. Bei distributiven Verhandlungen konzentriert sich jeder Verhandlungspartner auf die Durchsetzung eigener persönlicher Interessen ohne Rücksicht auf die Verluste der anderen Seite. Im Gegensatz dazu konzentriert sich die integrative Verhandlung auf die gegenseitigen Interessen und Bedürfnisse aller Parteien und kommt so zu konstruktiven Lösungen, die für alle von Vorteil sind.

Insgesamt habe ich weit mehr integrative Verhandlungssituationen erlebt als distributive. Vor allem Lieferantenverhandlungen sind grundsätzlich ihrer Anlage nach integrative Verhandlungen, denn ohne die Zulieferung kann der Kunde nicht produzieren und ohne die Produktion kann der Zulieferer sein Geschäft nicht machen. Das ist ein wichtiges Mindset für die Verhandlung, da bei klassischen Businessverhandlungen trotzdem beide Seiten versuchen, das Optimum für sich zu verhandeln.

4.8.3 Die vermischte Strategie

Immer wenn es um das oben angesprochene Optimum geht, beginnt der Wettkampf und distributive Elemente kommen ins Spiel. Oft wird dann in der Hitze des Gefechts vergessen, dass man schließlich die ganze Angelegenheit nur gemeinsam lösen kann.

Kommen wir dazu noch einmal auf unser Beispiel des Mobilitätsanbieters zurück, der auf die Garnituren wartet. Ohne Lieferung, keine Personenbeförderung und damit Vertragsstrafen auf der einen Seite. Weitere Verzögerung, Versuche, sich aus Vertragsklauseln zu winden, und Intransparenz auf der anderen Seite haben zu einer distributiven Situation geführt. Was als integratives Projekt gestartet ist, zeigt nun die weniger schönen Seiten einer polarisierenden Verhandlung.

Dennoch ist es wichtig, dass in allen Phasen, egal ob distributiv oder integrativ verhandelt wird, grundsätzlich eine integrative Haltung den Verhandlungspartnern gegenüber einzunehmen. Auch an dieser Stelle wiederhole ich das Grundprinzip: Wenn ich etwas von jemanden will, geht es am leichtesten, wenn ich die Person gewinne. Druck sorgt für Gegendruck und Bestechung kann – neben dem Umstand, dass es teuer wird – juristische Konsequenzen haben.

Selbst wenn Ihr Verhandlungspartner mit einer distributiven »Ich habe vor, Ihnen etwas wegzunehmen«-Haltung an den Verhandlungstisch kommt: Bleiben Sie freundlich, steuern Sie das Gespräch durch Einsatz von wirksamen Tools in die integrative Richtung und bleiben Sie dabei ruhig ein wenig stur. Freundlich und stur. Wie das funktionieren kann, darum geht es im nächsten Kapitel zu den Verhandlungstools.

5 Die Verhandlungstools

In diesem Kapitel geht es um die Werkzeuge, die Sie in unterschiedlichen Situationen einsetzen können, um die Verhandlungsgespräche in Ihrem Sinn zu steuern. Tools, also Werkzeuge, funktionieren auch wie Werkzeuge. Das bedeutet, sie sind für einen besonderen Einsatz konstruiert und funktionieren – wenn sie gut gemacht sind – genau dafür.

Ein Hammer ist dazu da, um Nägel einzuschlagen. Natürlich können Sie auch Steine damit zerkleinern, vorausgesetzt, der Hammer ist groß genug und Sie verfügen über ausreichend Kraft. Gebrochenes Glas könnte man mit einem Hammer auch produzieren, aber nicht reparieren. Was noch hinzukommt, ist die Handhabung. Egal welches Werkzeug Sie als Heimarbeiter einsetzen wollen: Wenn Sie nicht wissen, wie Sie es einsetzen müssen, wird das wohl nichts werden. Aber wissen allein reicht nicht. Man muss es auch können.

Dazu gebe ich gerne folgendes Beispiel. Das Prinzip des Aufschlags im Tennis ist recht einfach. Ball in die Höhe werfen, mit dem Schläger draufhauen und ins andere Feld schlagen, am besten so, dass ihn der andere Spieler nicht erwischt. Den Aufschlag zu verstehen, ist simpel, die Umsetzung hingegen verlangt regelmäßige und intensive Übung, damit das Tool »Aufschlag« so funktioniert, wie man sich das vorstellt.

Beim Verhandeln ist es nicht anders. Kennen ist nicht Können. Verstehen allein reicht nicht und nur Übung macht den Meister. Das trifft auch auf mich zu. Trotz einiger Erfahrung und intensiver Auseinandersetzung mit dem Thema Verhandeln höre ich nicht auf, konsequent zu üben und meine Skills sowie meine Verhandlungspersönlichkeit zu stärken. Es kann mir immer noch gelingen, in die Kampffalle hineinzutappen und mit kompetitiven Strategien Abgrenzungen zu setzen, wo keine nötig sind. Ja, ich bin besser darin geworden, aber noch lange nicht so gut, wie ich es gerne wäre.

Vermutlich gibt es auch für Sie die eine oder andere Verhandlungsfalle, bei der sich eine vertiefte Reflexion und verstärkte Übung lohnt, so dass Sie für sich bessere Ergebnisse verhandeln.

Eines nach dem anderen

Am Ende geht es nur um das, was Sie umsetzen. Daher die Empfehlung: Nehmen Sie sich nicht zu viel vor, wenn Sie Ihre Verhandlungsstärke ausbauen wollen. Eines nach dem anderen ist ein gutes Prinzip. Auch das Next-Level-Negotiation-Training (kurz NLN-Training) baut darauf auf, es gibt den Fokus auf eine Strategie, eine Technik, eine Anwendung, und dann wird geübt. So funktioniert der Transfer und die Integration in die eigenen Verhandlungsstrategien wirksamer und ökonomischer.

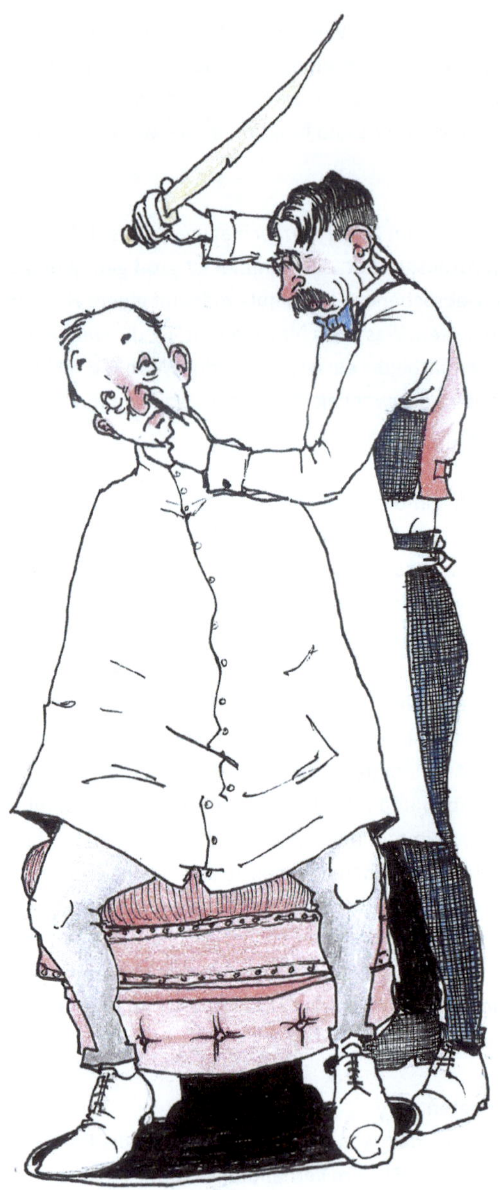

5.1 Smarttalk statt Smalltalk

Ich war als Mitglied des Vorstands für alles zuständig außer IT und Finanzen. Kein Wunder, dass ständig jemand versuchte, mich zu erreichen, um mir von der Corporate Communication bis zum Sorgenfrei-Firmenwagenpaket für alles Angebote zu unterbreiten. Da Geschäft Vertrieb bedingt, habe ich dazu eine geduldig-positive Haltung, schließlich sind auch unsere Unternehmen nur erfolgreich, wenn unser Vertrieb erfolgreich ist. Allerdings lege ich Wert auf ein Minimum an smartem Vorgehen. So läutete eines Tages mein Telefon, und anhand der Nummer konnte ich erkennen, dass der Anruf aus einem Ort kam, der keine fünf Kilometer entfernt lag. Hier nun der Dialog:

»Hallo Herr Keil, mein Name ist Hase [Name ganz offensichtlich geändert], einen schönen guten Tag.«
»Hallo Herr Hase, was kann ich für Sie tun?«
»Ja, äh ... ich rufe von der Firma Soundso an ... äh ... ja ... wie ist denn das Wetter bei Ihnen?«
»Herr Hase, Sie sind doch in Kleingroßmittel, oder? Schauen Sie aus dem Fenster, dann wissen Sie auch wie es hier fünf Kilometer weiter ist.«

Herr Hase konnte mich nicht von den Dienstleistungen seines Unternehmens überzeugen, obwohl diese vielleicht sogar passend und günstig für unseren damaligen Bedarf gewesen sein mögen.

Was war geschehen. Der Verkäufer wollte mit mir in Kontakt treten und vermutlich fiel ihm ein, was er in einem Vertriebstraining gelernt hatte: erstmal Smalltalk zum Aufwärmen. Dass die von ihm gewählte Variante ungeschickt war, kann man genauso diskutieren wie meine Antwort, die sicher konfrontativ war. Warum ich diese Geschichte dennoch erzähle? Weil es nach wie vor zum Start eines jeden Gesprächs wesentlich tauglichere Themen gibt als Wetter, Verkehr oder andere belanglose Themen, über die sich jeder unterhält. Als dieses Buch geschrieben wurde, waren es zum Beispiel die aktuellen Pandemiezahlen.

Wenn nun Smalltalk, wie der Name sagt, kleine, belanglose Themen bemüht, wozu macht man das? Was ist der Sinn dahinter? Ganz einfach: Das ist jene Phase, in der sich Menschen automatisch aufeinander einstellen, um danach, wenn die relevanten Themen kommen, bereits »miteinander zu können«.

Es gibt wahre Meister im Smalltalk und ich bewundere diese. Sollten Sie diese Fähigkeit haben, wird dieses Kapitel für Sie weniger ergiebig sein. Ich kenne aber viele, denen das nicht so liegt. Wie mir auch. Was sind also die Alternativen? Gleich ins Thema springen? Hölzern herumstammeln und dann doch das Wetter oder den Verkehr bemühen? Oder – auch ein Standard – die Architektur und die Einrichtung anerkennend loben?

Das war übrigens das Schlüsselerlebnis, bei dem ich mir eine Alternative überlegt hatte. Ich war zur Endverhandlung eines größeren Projekts eingeladen, der verantwortliche Entscheider holte mich persönlich beim Empfang ab. Im Aufzug die für mich übliche betretene Situation, alles beengt, viel zu nahe und Schweigen ist auch nicht so toll. Also rang ich mir ein »Schönes Bürogebäude haben Sie, ist sicher gut zum Arbeiten« ab. Ich geniere mich noch heute dafür, diese Bemerkung ist etwa auf dem Wetter-Niveau. Die Antwort des Geschäftsführers: »Also, ich finde es entsetzlich, aber Sie können gerne hier einziehen, wenn Sie wollen ...« Ich hatte bekommen, was mir zustand. Nach einer kurzen Atem- und Denkpause strahlte ich ihn an und sagte: »O.K., stimmt, ich verspreche, das war die letzte Lüge in unserem Gespräch!« Wir lachten beide und hatten einen sehr konstruktiven Termin, in dem wir die integrativen Verhandlungsstrategien zum Vorteil beider Unternehmen einsetzen konnten.

Wie funktioniert also Smarttalk?

Inzwischen habe ich mir eine einfache Smalltalk-Routine zugelegt: Nach einer kurzen höflichen Begrüßung stelle ich eine einfache Frage, und die lautet so:

»Was sind die spannendsten Projekte, an denen Sie gerade dran sind?«

Damit habe ich meine Verhandlungspartner eingeladen, über ihre Welt zu sprechen, und habe die Gelegenheit, zuzuhören. Also erfahre ich einiges über die Situation und viel von den Menschen, mit denen ich zu tun habe. Ich frage nicht nach Problemen, ich frage auch nicht nach Herausforderungen. Eine Alternative könnte noch sein, dass ich bei meiner Recherche von einem besonderen Erfolg in der Zeitung gelesen habe, auf den ich mich beziehe, und stelle aber dann die Frage so:

»Ich habe gerade von Ihrem erfolgreichen Projekt xyz gelesen. Gratulation dazu, das ist sicher nicht einfach gewesen ...« Meist springen meine Gesprächspartner schon in dieser Pause ein, stimmen zu und beginnen darüber zu sprechen. Oder ich setze noch mit einer Frage nach: »Was waren denn aus Ihrer Sicht die wesentlichen Erfolgsfaktoren?«

Da jede Verhandlungsepisode eine kleine Heldenreise in sich ist, braucht es auch einen Helden. Und die Helden in meinen Verhandlungsgeschichten sind immer meine Verhandlungspartner!

HERO

5.2 Die Kernbotschaften

In Kapitel 4.6.2 hatten wir schon über die Dreier-Regel gesprochen. Nun geht es darum, wie Sie die Botschaften in diesem Dreier-Setting so formulieren können, dass sie die Wirkung erzielen, die Sie benötigen. Die folgenden Abschnitte beschreiben unterschiedliche Formen von **Kernbotschaften**, wie sie aufgebaut sind und wie Sie diese einsetzen können. Die wichtigste Frage, die Sie für den Aufbau und die Sammlung Ihrer Kernbotschaften beantworten müssen, lautet:

Was muss mein Verhandlungspartner glauben, damit ich mein Verhandlungsziel erreiche?

Das ist eine andere Frage als: Was muss mein Verhandlungspartner gehört haben oder wissen? Für viele meiner Kunden war das ein Schlüsselmoment, der sich entscheidend auf die Gestaltung der eigenen Verhandlungstaktik ausgewirkt hat.

Der Erstentwurf der Argumentation, der mir vorgelegt wurde, war nur eine Sammlung der Inhalte, die man in der Verhandlung präsentieren wollte. Nach dem Motto: Das sagen wir denen. Aber nur, weil man etwas gesagt hat, bedeutet das nicht, dass es auch angekommen ist. Vermutlich kennen Sie die kausale Kette: Gedacht ist nicht gesagt ist nicht gehört ist nicht verstanden ist nicht einverstanden. In der Verhandlung haben Sie Ihr Argumentationsziel nur erreicht, wenn Ihr Verhandlungspartner mit dem, was Sie sagen, einverstanden ist. Eigentlich geht es noch einen Schritt weiter. Denn »einverstanden« bedeutet ja nur, es stimmt, was man sagt. Daher fehlt in dieser kausalen Kette der letzte Schritt: »... und ist **relevant** für unser Thema.«

Das bedeutet: Sie haben dann eine Kernbotschaft für Ihre Verhandlung, wenn diese bekannt, merkfähig und für den Verhandlungspartner relevant ist.

Der Golden Circle

Eine Grundstruktur, wie solche Botschaften gegliedert sein können, hat Simon Sinek in seinem »Golden Circle«[37] einfach und eindrucksvoll beschrieben. Auch wenn Sinek alte Verkaufsprinzipien in eine neue Form gegossen hat – gerade die einfache und gut

37 Simon Sinek: *Frag immer erst: Warum. Wie Top-Firmen und Führungskräfte zum Erfolg inspirieren* (Originaltitel: *Start With Why. How Great Leaders Inspire Everyone to Take Action*, 2009, übersetzt von Christian Gonsa). Redline, München 2014.

verständliche Darstellung sowie sein mehrere Millionen Mal aufgerufener Ted Talk[38] sind unterhaltsam und sehenswert.

Er gliedert Botschaften in drei Ebenen, die hier erklärt sind:

What	• Was jemand oder eine Organisation macht. Die Was- Ebene hilft bei der Orientierung und bei der rationalen Auseinandersetzung. • Das »Was« sammelt die Fakten und hilft zu verstehen, worum es geht. • Das Fazit von Sinek: Niemand kauft von einer Firma, nur weil sie etwas macht. Apple macht Computer, HP auch.
How	• Das »Wie« gibt einen Einblick in die Methoden und Qualitäten und hilft vor allem prozessorientierten Personen, besser zu verstehen und Vertrauen aufzubauen.
Why	• Das »Wozu« (Achtung: nicht das kausale »Warum«) führt zum Nutzen, zum Mehrwert. Wozu brauche ich einen Computer? Wozu benötige ich gerade einen Apple oder doch einen HP-Computer? Dieses »Wozu« ist der wesentliche Hebel, der dafür sorgt, dass Menschen bereit sind, aktiv zu werden, sei es um zu kaufen, zu unterstützen oder einfach in einer Verhandlung einem Vorschlag zuzustimmen.

Tab. 8: Die drei Ebenen einer Botschaft (nach Simon Sinek 2014)

Ich verwende diese Struktur sehr gerne, um Inhalte entsprechend aufzuladen, denn das reine »Was« reicht meist nicht aus, um jemanden hinter dem Ofen hervorzulocken. Die Informationen sind zu austauschbar und bleiben meist emotional nicht haften. Die emotionale Bindung kommt immer erst mit der Gefahr oder dem Gewinn. Ein kleiner Ausblick auf die Fragetechnik schon hier: Die Gefahr wird mit der Frage »Warum?« deutlicher und mächtiger, der Gewinn mit der Frage »Wozu?«.

Zusammenfassend: Kernbotschaften sind die wesentlichen Bausteine in Ihrer Verhandlung. Eine Kernbotschaft muss daher relevant sein, einen Mehrwert haben und – das ist jetzt vielleicht neu – merkfähig sein.

38 Vgl. https://www.ted.com/talks/simon_sinek_how_great_leaders_inspire_action?language=de.

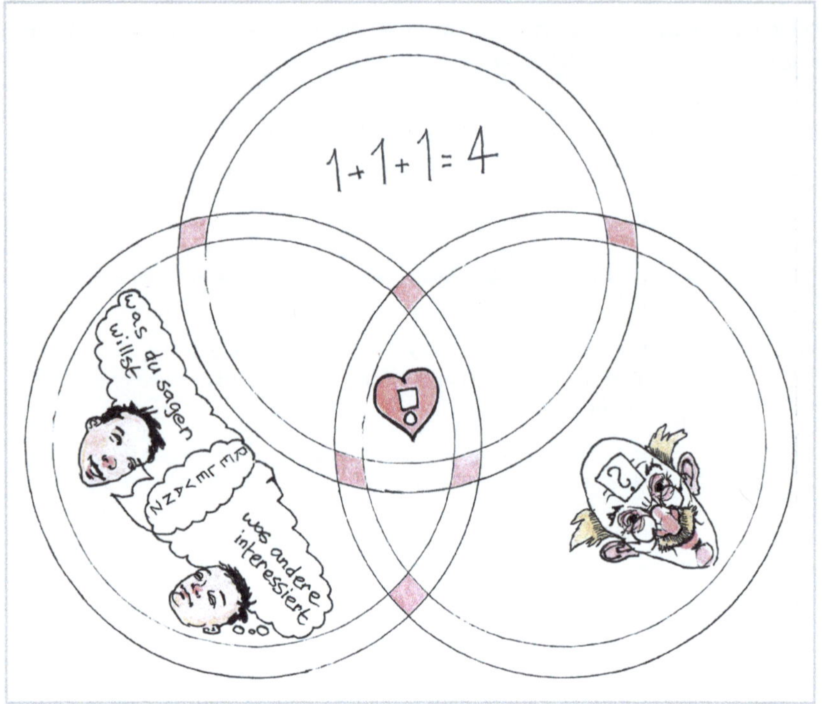

5.3 Das starke Argument – die Storyline einer Aussage

Bitte lesen Sie sich die folgende Aussage aufmerksam durch und lassen Sie die einzelnen Absätze wirken.

In diesem Buch ist auf mehr als 200 Seiten meine Erfahrung in Verhandlungen gesammelt wiedergegeben.
Es geht mir aber nicht darum, Sie mit meinen Geschichten zu langweilen oder mit Techniken zu belästigen, die Sie ohnedies schon kennen, sondern …
… mir geht es darum, dass Sie hier relevante Anwendungen finden, die Sie dabei unterstützen, Ihre Verhandlungsstrategie auf Ihren nächsten Level zu bringen.
… mir geht es darum, dass das Geld, das Sie für das Buch ausgegeben haben, und die Zeit, die Sie für Lesen und Üben eingesetzt haben, durch verbesserte Verhandlungsergebnisse mehrfach zurückbekommen.
Suchen Sie sich daher bitte zumindest eine Methode oder Vorgehensweise aus, und setzen Sie diese ab nun konsequent in Ihren Verhandlungen ein!

Wie kommt diese Aussage bei Ihnen an? Ist es eine Struktur, der Sie gut folgen können? Wie wirkt der Aufruf zur Handlung ganz am Ende?

Diese Aussage ist nach dem Fünf-Stufen-Modell gegliedert. Vielleicht haben Sie es schon während des Lesens erkannt, dass es die gleichen sind, wie im Fünf-Stufen-Skript (vgl. Kapitel 4.6.6). Auch dort hatte ich schon erwähnt, dass Sie dieses Skript auch zur Formulierung von wirksamen Argumenten einsetzen können.

In der folgenden Tabelle erkläre ich, was die einzelnen Stufen bedeuten und warum sie in dieser Reihenfolge mehr Wirkung erlangen als in einer anderen.

Stufe	Die Wirkung im Argument
1. Situation bzw. Kontext	Die Ausgangssituation holt alle Beteiligten in dasselbe Boot. Wenn man von unterschiedlichen Positionen aus startet, gibt es leicht Missverständnisse, daher kommt es im ersten Schritt zur Orientierung und zum Alignment, damit klar wird, wovon die Rede ist. In diesem Teil des Arguments ist es wichtig, dass Sie nur objektiv überprüfbare Beschreibungen bringen. »Wir haben im ersten Quartal zu wenig Umsatz gemacht« ist keine Beschreibung, auch wenn die Aussage richtig sein mag. Die richtige Aussage ist hier einfach: »Wir haben im ersten Quartal z. B. 13,5 Mio. Euro Umsatz gemacht.« Sie können auch noch sagen, dass der Umsatz im ersten Quartal 5,6 % unter der Zielmarke von 380 Mio. Euro lag. Worte wie »zu wenig« deuten bereits auf ein Problem hin, was Diskussionen zu einem viel zu frühen Zeitpunkt auslösen könnte. Sie haben die Situation richtig beschrieben, wenn jeder, der Ihnen zuhört, einfach nur: »Das stimmt, das ist richtig« sagt. Weil es gar nicht anders geht, als zuzustimmen.
2. Problem	Im nächsten Schritt leiten Sie ein Problem von der Situation ab. Sie verbinden also das, was Sie zuvor etabliert haben, mit einem tatsächlichen Problem. Beispiel: »Dieser Umsatzrückgang bedeutet einen Ertragsrückgang um 21 % und bedroht so die Finanzierung des nächsten Forschungsprojekts. Wir können, wenn es so weitergeht, auch nicht ausschließen, dass wir Personal abbauen müssen.« Wichtig: das Problem im Kernargument betrifft nicht Sie sondern die Verhandlungspartner! Damit schaffen Sie die sogenannte negative Motivation, das »Weg von«, das »Muss« oder das »Warum«.
3. Ziel	Das Ziel ist eine SMARTE Beschreibung des Zielzustands. Also spezifisch und konkret beschrieben, messbar, attraktiv, mit Verantwortlichen (R für responsible) und für beide erreichbar (R für realistisch) sowie T für terminiert beschrieben. Das Ziel gibt eine faktische Orientierung darüber, wo die Reise hingeht. Im Beispiel könnte das sein: »Unser Ziel ist, im Folgequartal den Zielwert wieder einzuhalten und die Verluste des letzten Quartals bis zum 30.10. des Jahres wieder eingeholt zu haben.«

Stufe	Die Wirkung im Argument
4. Nutzen	Nach der faktischen Orientierung des Ziels geht es jetzt wieder um die Motivation. An der Stelle um eine positive Motivation, denn Sie wollen ja Begeisterung oder zumindest emotionale Zustimmung für das Ziel erreichen, denn der nächste Schritt, die Umsetzung, braucht Commitment von allen Beteiligten. So könnte das Argument fortgesetzt werden: »So sichern wir nicht nur die Investitionen und damit die Arbeitsplätze ab, sondern jede und jeder Einzelne von Ihnen kann stolz auf diese außerordentliche Leistung sein … sich über den Bonus freuen.«
5. Appell	Am Ende kommt die Aufforderung zur Handlung. Diese Aufforderung baut auf den vorhergehenden Stufen auf: »Daher erarbeiten Sie bis Freitag nächster Woche [auch hier braucht es wieder ein Datum oder eine verbindliche Zeit] mit Ihren Teams mindestens eine zusätzliche Aktivität, damit wir unser Ziel erreichen.«

Tab. 9: Die fünf Stufen in der induktiven Argumentationsführung

Induktive Argumentationsführung

Warum ist die Struktur so aufgebaut und nicht andersherum? Diese Form nennt sich **induktive Argumentationsführung**: Die Gesprächspartner werden zum eigentlichen Anliegen, dem Ziel hingeführt. Dabei verwendet man die Logik der Storyline, die Sie im vorangegangenen Abschnitt kennengelernt haben. Mehrere Elemente kommen hier noch zum Tragen: Wir haben auch über Schlüssigkeit und Konsistenz gesprochen. Diese wird im induktiven Verfahren gestärkt. Wenn die Argumente entsprechend aufgebaut sind, bleibt den Zuhörenden nichts anderes übrig als zuzustimmen.

Natürlich gibt es keine Garantie, dass es dann auch für den letzten Schritt, den Appell oder das Fazit, Zustimmung gibt, aber die Wahrscheinlichkeit ist deutlich größer, wenn Sie induktiv argumentieren.

Deduktive Argumentationsführung

Die **deduktive Methode** geht genau andersherum vor. Sie beginnt mit dem Fazit und endet mit der Situation. Zum besseren Verständnis lesen Sie noch einmal das Eingangsbeispiel, nun mit einem deduktiven Argumentationsaufbau.

> *Suchen Sie sich bitte zumindest eine Methode oder Vorgehensweise aus und setzen Sie diese ab nun konsequent in Ihren Verhandlungen ein!*
> *… Damit Sie das Geld, das Sie für das Buch ausgegeben haben, und die Zeit, die Sie für Lesen und Üben eingesetzt haben, durch verbesserte Verhandlungsergebnisse mehrfach zurückbekommen.*
> *… Mir geht es nämlich darum, dass Sie hier relevante Anwendungen finden, die Sie dabei unterstützen, Ihre Verhandlungsstrategie auf Ihren nächsten Level zu bringen, …*

... und nicht darum, Sie mit meinen Geschichten zu langweilen oder mit Techniken zu belästigen, die Sie ohnedies schon kennen ...
... und die in diesem Buch auf mehr als 200 Seiten mit meinen Erfahrungen aus Verhandlungen gesammelt wiedergegeben sind.

Wie hat sich für Sie die Wirkung verändert? Auch in dieser deduktiven Form gibt es eine schlüssige Logik, nur geht diese rechtfertigend vor. Das bedeutet: Jeder Claim aus dem Vorsatz wird mit dem Nachsatz begründet. Das Fazit, in dem ich Sie im eigenen Interesse zur Übung auffordere, steht ganz am Anfang und verliert daher sowohl an Bedeutung als auch an Erinnerungswirkung. Am Ende steht, dass ich viel Erfahrung mit Verhandlungen habe – ich hoffe, Sie glauben mir das auch so.

Warum dennoch so viele Menschen deduktiv argumentieren und damit ihren Appell rechtfertigen, anstatt andere hinzuführen, liegt am subjektiven Erleben. Stellen Sie sich vor, Sie erkennen, dass ein Mitarbeiter von Ihnen etwas anders machen sollte. Der erste Impuls, den wir haben, ist der Appell: »Mach das anders!« Deswegen beginnen wir impulsiv und intuitiv genau mit diesem Appell. Dann erst setzt die rationale Maschine ein und wir erklären das »Warum«, manchmal auch das »Wofür«.

Wer es sich zur Routine macht, seine Argumentation durchgängig und automatisiert induktiv zu gestalten, wird automatisch stärker und wirksamer argumentieren, egal ob in Verkaufssituationen, Konflikten, bei sachlichen Erklärungen oder eben in Verhandlungen.

5.4 Die Pitch-Struktur für Kernbotschaften

Das nächste Tool habe ich in dieses Buch aufgenommen, obwohl es kein klassisches Verhandlungswerkzeug, sondern eher eine Vertriebsmethodik ist. Dennoch kommt es gerade in komplexen Verhandlungsserien immer wieder vor, dass man in eine Situation kommt, in der eine Art Argumentations-Pitch nötig ist. Daher möchte ich Ihnen hier eine Struktur vorstellen, mit der Sie einen wirksamen Pitch schnell und einfach aufbauen können.

Viele unserer Kunden haben mit viel Aufwand Leitbilder und Mission Statements erstellt, die die Ersteller begeistern, aber sonst niemanden, trotz des häufig erheblichen Aufwands. Denn oft hatten nur Expertinnen und Experten gemeinsam mit Führungskräften über Formulierungen gebrütet, bei denen solche oder ähnliche Sprüche herauskamen: »Wir sind die besten ... größten ... in unserem Markt. Wir orientieren uns am Kunden ...« Und wenn man den eigenen Leuten Angst machen will: »Wir steigern unseren Gewinn mit gleichen Kosten.« Übersetzt bedeutet das für Mitarbeiter: Sicher mehr Arbeit und sicher nicht mehr Geld in der Börse.

Schritt 1: Die größten Schmerzen des Verhandlungspartners
Es beginnt mit einer einfachen Frage: Wo drückt der Schuh am stärksten? Egal ob es ein Projekt ist, ein Produkt, ein Service – wenn Kunden keine Probleme hätten oder Probleme, die sie eben selbst lösen können oder wollen, gäbe es das Team, die Abteilung, das Unternehmen nicht. Wichtig ist, dass diese Probleme Ihrer Zielgruppe nicht nur bekannt sind, sondern dass es ein wesentlicher Schmerz ist. Das könnte nicht ausreichend vorhandene Datensicherheit sein, mangelnde Transparenz bei Zahlungsflüssen, eine wackelige Supply Chain, nicht genug Bewerber für das nötige Wachstum usw. Jedenfalls genau der Schmerz, für den Sie die richtige Lösung haben.

Typische Sätze, die bei der Formulierung helfen sind:

- »Viele unserer Kunden haben das Problem, dass ...«
- »Wir hören immer wieder, dass ... nicht in der Lage ist ...«
- »Es kommt häufig vor, dass .... nicht funktioniert.«

Wer die Probleme versteht, wird für kompetent gehalten!
Nicht derjenige, der die Lösung kennt, wird von der Zielgruppe als kompetent erachtet, sondern jene Leute, die die tatsächlichen Probleme auf den Punkt bringen. Das klingt zunächst erstaunlich, ist es aber nicht. Denn nur, wer die Situation der Zielgruppe tatsächlich versteht, ist dazu in der Lage. Und Sie zeigen damit auch Einfühlungsvermögen, ein wichtiges Element, um Vertrauen aufzubauen.

Stellen Sie sich vor, Sie gehen zum Arzt und wollen ihm Ihre Beschwerden schildern. Der sieht Sie kurz und konzentriert an, hört nicht lange zu, verschreibt ein Medikament und sagt: »Der Nächste bitte ...« Dann besuchen Sie einen anderen Arzt. Der nimmt sich Zeit, hört Ihnen zu, kann Ihre Beschwerden genau beschreiben. Dann erklärt er Ihnen, woran Sie leiden, und verschreibt anschließend das gleiche Medikament. Bei welchem Arzt würden Sie sich kompetenter behandelt fühlen? Vermutlich beim zweiten. Obwohl der erste Arzt schneller zur Lösung kam, würden die meisten dieses Vorgehen nicht als einen kompetenten Umgang mit Patienten erachten. Und genauso geht es unseren Kunden. Bevor sie Lösungen hören wollen, müssen Sie sich beim Problem verstanden fühlen.

Nehmen wir das Beispiel eines Personaldienstleisters für IT-Fachpersonal. Der könnte den Schmerz für seine Zielgruppe so beschreiben: »Viele unserer Kunden können derzeit nicht wachsen, weil ihnen das Personal fehlt. Egal wie viele Anzeigen sie schalten, mehr taugliche Bewerbungen gibt es doch nicht!« Vermutlich wird der Verantwortliche nicken und Ihnen nicht nur recht geben, sondern die Aussage noch mit einem leisen Seufzen emotional bestätigen. Das ist die wirksame Absprungbasis für den zweiten Schritt des Mission Statements.

Schritt 2: Die Vision des Verhandlungspartners in Verbindung mit den Schmerzen
Der nächste Schritt ist einfacher. Nun geht es um die Zielsetzung und die Vision für den Verhandlungspartner. Das ist meist eine einfache Umkehr des Schmerzes mit zusätzlichen Qualitäten.

Dazu gibt es typische Einleitungen, die bei der Formulierung helfen:

- »Was unsere Kunden wollen ...«
- »Dabei geht es darum ...«
- »Das Ziel ist ... usw.«

Im Fall des zitierten Personaldienstleisters könnte die Vision im Mission Statement so lauten: »Dabei ist das Ziel, in kurzer Zeit mit geringem Aufwand geeignete Talente zu finden, um Wachstum absichern und strategische Ziele dauerhaft verfolgen zu können!«

Auch hier funktioniert der Vergleich mit dem Arzt-Beispiel. Lassen Sie folgende Aussagen kurz auf sich wirken:

- »Sie werden sehen, Sie werden gesund.«
- »Ich kenne diese Schmerzen und kann nachvollziehen, wie sehr Sie das beeinträchtigt. Aber Sie werden sehen, Sie werden gesund!«

Die überwiegende Mehrheit beurteilt die zweite Aussage als glaubwürdiger als die erste. Das hat einen einfachen Grund: In Verbindung mit dem auf den Punkt gebrachten Schmerz wirkt die Zielformulierung wesentlich stärker als ohne. Zur Zuschreibung der Kompetenz (= Verstehen des Problems) kommt nun die Zuversicht (= Ziel).

Jetzt fehlt nur noch der dritte Schritt: die Differenzierung und Glaubwürdigkeit.

Schritt 3: Warum wir? Der feine Unterschied
Im letzten Schritt geht es darum, klar zu machen, warum gerade Sie, Ihr Team, Ihr Unternehmen das beschriebene Ziel besonders gut erfüllt. Zuerst dürfen Sie sich von der Last befreien, einzigartige Stärken zu finden. Das haben tatsächlich nur wenige. Was aber mehrere haben: Eine glaubhafte und ausgeprägte Stärke, die sie befähigt, die Probleme der Kunden richtig gut zu lösen. Und genau um die geht es im dritten Schritt des Argumentations-Pitches.

Sammeln Sie das, was Ihre Expertise und Arbeit auszeichnet. Legen Sie Wert darauf, dass es relevante Stärken sind. Eine gute Quelle sind Ihre Top-Kunden. Wenn Sie es nicht schon gemacht haben, fragen Sie diese, warum Sie gerne und vertrauensvoll mit Ihnen arbeiten. Fragen Sie ruhig detailliert nach, welche Kompetenzen oder Qualitäten sie besonders schätzen. Kategorisieren Sie die Sammlung der Stärken:

1. **Me too:** Können wir gut, aber viele andere auch. Diese Kategorie benötigen Sie nicht für die Mission-Formulierung, denn vermutlich sind hier nur sogenannte Grundvoraussetzungen enthalten.
2. **Stärke:** Können wir besser als viele. Das hilft schon mehr, nur reicht es noch nicht für eine starke Positionierung aus. Die Austauschbarkeit ist noch zu hoch. Oft sind es Referenzen, eine lange gemeinsame Geschichte und persönliches Vertrauen, die Ihre Position bei diesen Kunden stärken. Das lässt sich nicht leicht auf andere übertragen.
3. **Relevanter Vorsprung:** Können wir besser als die meisten.
   Es ist günstig, wenn es Ihnen gelingt, in dieser Kategorie zwei bis drei Expertisen zu haben, die nicht nur mit Prozessexzellenz zu tun haben wie bessere Logistik, schlankeres Management, agileres Team. Für eine wirksame Differenzierung benötigen Sie entweder Tools, die sonst keiner hat, oder eine große Anzahl an Experten, die zum Beispiel eine besondere Methode entwickelt haben.
4. **Leuchtturm-Referenzen:** Finden Sie zwei bis drei knackige Beispiele, die Ihnen nur gelungen sind, weil Sie über besonderes Know-how (wie oben unter 5.4.3 beschrieben) verfügen, und begründen Sie damit die Stärke.
5. **Verprobung** mit Kollegen, die an der Diskussion bisher nicht teilgenommen haben, und deren **Feedback** einholen.

Und nun zum Abschluss das Beispiel von Schritt 3 des Pitches eines Personaldienstleisters:

> *»Wir haben mehrfach bewiesen, dass wir durch die Gestaltung unserer Anzeigen sowie die Methode der Auswahl in Verbindung mit unserer durch eigene Experten entwickelten Software genau das* [= Zielformulierung] *schaffen!«*

Mit der Formulierung »mehrfach bewiesen« adressieren Sie die Glaubwürdigkeit und verstärken diese durch die konkrete Nennung von Anzeigengestaltung, Auswahl und Software.

5.5 Der Kommunikationskompass – Orientierung für Kommunikation

Wie ein Kompass die Windrichtung anzeigt, in die es geht, unterstützt der Kommunikationskompass als Navigationshilfe Ihren Weg durch anspruchsvolle kommunikative Situationen. Dass Verhandlungen zweifellos dazugehören, steht fest. Neben der inhaltlichen Navigation braucht es auch eine emotionale, die Verbindung von beiden stellt der Kommunikationskompass dar.

5.5.1 Fokus – Fühlen – Handeln

Was geschieht, wenn Sie Ihre Aufmerksamkeit auf wirklich angenehme Erinnerungen legen. Glitzerndes Wasser, warmer Wind, der über Ihr Gesicht streicht, heiteres Lachen in der Ferne und dazu diese Gerüche von Sand, salzigem Wasser, Thymian und Rosmarin. Alles Zutaten einer wunderschönen Urlaubserinnerung zum Beispiel an einen Strand auf einer kroatischen Insel. Vermutlich entspannt sich Ihr Gesicht, ein Lächeln auf Mund und Augen und ein wohliges Gefühl macht sich breit. Diese Erinnerungsbilder wirken sich auch auf Ihre Art zu sprechen aus. Genießend bedächtig und etwas verspielt kommen die nächsten Sätze daher. Vielleicht sind auch Ihre Bewegungen etwas langsamer geworden.

Was in dieser kleinen Gedankenreise geschieht, ist eine typische Funktion unserer Psyche:

1. Die Themen, mit denen wir konfrontiert werden, dominieren unser Denken.
2. Das, woran wir gerade denken, dominiert unsere Gefühle.
3. Das, was wir fühlen, hat Auswirkungen auf die Qualität unseres Handelns.

Damit gibt es eine direkte Verbindung zwischen der Auswahl der Themen, über die wir sprechen, und der Qualität des Handelns jener Personen, mit denen wir gerade zu tun haben. Diese logische Verbindung ist insofern wichtig, weil sie Ihnen hilft, das nun folgende Kompassmodell gezielt einzusetzen.

5.5.2 Das Kompassmodell

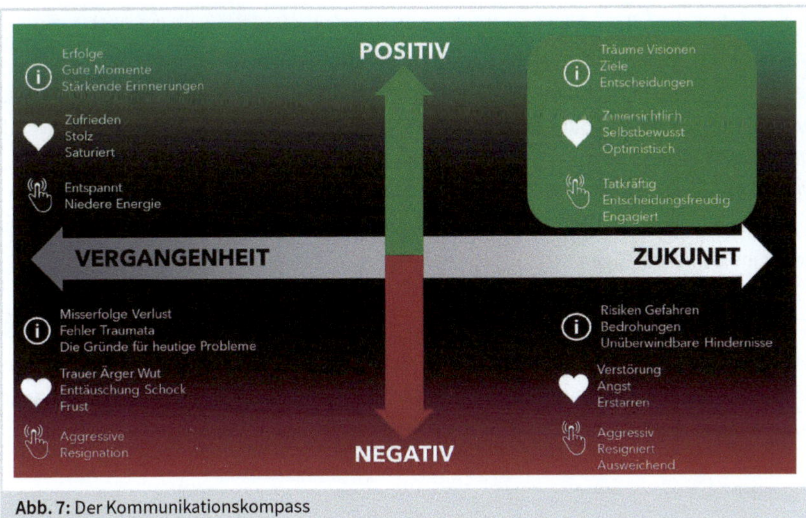

Abb. 7: Der Kommunikationskompass

Zwei Achsen bilden ein Gitter, welches aus vier Quadranten besteht. Die horizontale Achse ist die Zeitlinie. Der Fokus geht links in die Vergangenheit, rechts in die Zukunft. Oben ist die Aufmerksamkeit auf positive, unten auf negative Themen. Damit bilden sich vier Quadranten.

1. Links oben: die positive Vergangenheit
2. Links unten: die negative Vergangenheit
3. Rechts unten: die negative Zukunft
4. Rechts oben: die positive Zukunft

Nun gehen wir durch die vier Quadranten und analysieren, nach den drei Dimensionen Fokus, Fühlen, Handeln, welche typischen Themen in den Quadranten adressiert, welche Gefühle dadurch ausgelöst werden und mit welcher Qualität des Handelns daher zu rechnen ist.

Quadrant 1: Die positive Vergangenheit (links oben)
Häufig schwelgen Menschen in schönen Erinnerungen, die sie gemacht haben. Das kann ein zweischneidiges Schwert sein. Einerseits fühlen Sie sich wohl und bestätigt, anderseits – was machen Sie, wenn Sie so richtig mit sich und der Welt zufrieden sind? Bei mir ist das ganz klar: Ich setze mich auf meine Terrasse, genieße den Moment mit den schönen Erinnerungen, trinke vielleicht ein Glas Rotwein und tue … nichts. Das Wort »zufrieden« besteht aus den Bestandteilen »zu« und »Frieden«. Beides nicht unbedingt Indikatoren für hohe Energie oder dynamische Aktion. Daher werde ich nicht müde, gegen das Institut der Mitarbeiterzufriedenheit zu kämpfen. Engagierte Mitarbeiter? Bitte ja. Zufriedene? Gerne auch, aber erst nach der Arbeit.

Quadrant 2: Die negative Vergangenheit (links unten)
»Warum hat das alles nicht funktioniert? Warum muss es immer mich treffen? Warum habe ich schon wieder diese Schwierigkeiten?« Fragen, die typisch für den zweiten Quadranten (links unten) sind. Die negative Vergangenheit. Hier geht es um alles, was nicht funktioniert oder Schmerzen ausgelöst hat. Projekte, die gegen die Wand fuhren, der Verlust von Job oder noch schlimmer – von Menschen. Erniedrigungen, Verletzungen. Je nach Persönlichkeit und Anlass gibt es unterschiedliche Reaktionen. Typisch sind aggressive Verhaltensmuster oder den Kopf hängen lassen und sich frustriert ins Schicksal fügen.

Sicher kennen Sie das aus eigener Erfahrung: Wenn eine Runde zusammenkommt und nur mehr jammert, dann ist das so, als hätte jemand den Stecker gezogen und die Energie fließt ab. Oder es entsteht eine überhitzte Stimmung und ganz schnell macht man sich auf die Suche nach den Schuldigen.

Quadrant 3: Die negative Zukunft (rechts unten)
Auch die Zukunft muss nicht immer rosig sein. Da können unvorhergesehene Gefahren locken, Risiken sind schon bekannt oder es stehen Aufgaben bevor, bei denen man sich nur die Frage stellen kann, wer so etwas denn schaffen sollte. Die typischen Reaktionen darauf sind Unsicherheit, Angst oder gleich die Karnickelstarre – das ist die Angst, die das Kaninchen im Anblick der Schlange erstarren lässt und es damit zum willfährigen Opfer macht. Zu den typischen Reaktionen gesellt sich nun die kluge Alternative: Abhauen. Das machen dann auch viele in allzu unsicheren Unternehmenssituationen. Vor allem die Guten. Das sind leider häufig die Ersten die gehen, wenn die für die Unternehmensleitung Verantwortlichen übersehen, die Mitarbeitenden eines Unternehmens abzuholen und mit glaubwürdigen positiven Nachrichten – nicht mit Werbegetöse – für anstehende Veränderungen zu begeistern.

So hatte ich einmal eine Diskussion mit einem Geschäftsführer, der im Zuge einer Sanierung stolz vor die Belegschaft getreten war und sie mit folgenden Worten zu beruhigen versuchte: »Meine Damen und Herren, ich habe eine gute Nachricht, wir werden nur 10 % von Ihnen kündigen müssen!« Er wollte einfach nicht verstehen, dass es ihm damit gelungen war, 100 % der Anwesenden zu verunsichern.

Quadrant 4: Die positive Zukunft (rechts oben)
Wenn Sie gemeinsam Visionen entwickeln, davon Ziele ableiten und schließlich Entscheidungen treffen, gestalten Sie die Zukunft. Und zwar nicht erst dann, wenn die Resultate vorliegen, sondern gerade im Moment der Wahrnehmung der Menschen, mit denen Sie sprechen. Meistens geschieht dann etwas Wundersames: Die Körperhaltung verändert sich, Menschen richten sich auf, der Blick wird bestimmt, die Stimme fest und eine wohltuende Dynamik macht sich breit.

Damit wird schon klar: Je mehr man sich thematisch in der rechten oberen Ecke aufhält, umso eher wird es Lösungen geben, umso eher werden Sie die Motivation schaffen, auch schwierige Themen zu lösen und – was immer Sie vorhaben – voranzutreiben.

Der wesentliche Schlüssel in diesem Quadranten ist die Vermittlung von Zuversicht. Nicht Hoffnung, denn beim Prinzip Hoffnung hängt es von anderen ab, ob etwas geschieht, während zuversichtliche Menschen selber aktiv werden, um die gewünschten Ergebnisse zu erreichen.

5.5.3 Der Kommunikationskompass in der Praxis

Seit ich eine Flipchart-Zeichnung des Kompassmodells in meinem Büro habe, sind meine Besprechungen kürzer. Immer wenn sich jemand aus meinem Team in der Problemecke verirrt, kommt – meist nicht von mir, sondern von anderen im Team – folgende Aufforderung: »Du hast Dich schon wieder in der Jammerecke verrannt – komm mal nach rechts oben!«

Beobachten Sie einmal ein Team bei der Diskussion eines relevanten und schwierigen Themas, welches die Zukunft betrifft. Erfolgreiche Teams befinden sich auch in der Schwelge-Ecke (links oben), der Jammer-Ecke (links unten) und sicher in der Risiko-Ecke (rechts unten). Aber die meiste Zeit und vor allem am Schluss der Teambesprechung halten sie sich rechts oben auf: in der Aktions- und Lösungsecke.

Wenn Ihr Ziel allerdings sein sollte, ein Change-Projekt zum Scheitern zu bringen, dann machen Sie Folgendes: Sparen Sie die Lösungsecke aus. Beginnen Sie links oben mit der glorreichen Vergangenheit, wechseln Sie nach rechts unten und monieren Sie die vielen unbedachten Risiken und schließen Sie damit ab, dass es kein Wunder sei, wenn so ein Blödsinn rauskommt, man hätte nur auf Sie hören müssen, aber dazu hatte ja keiner Lust – und enden so links unten im Modell. Dies ist eine wirksame Methode, um sich und anderen auch notwendige Veränderungen richtig schwer zu machen.

Als Führungskraft ist es also wichtig, auf alle Ecken bzw. Quadranten zu achten. Natürlich gehören relevante Erfolge hervorgehoben. Selbstverständlich braucht es auch die nötige Anerkennung für mögliche erlittene Verletzungen. Das sind z. B. Verlust der Position, Wegfall von Abteilungen, persönlicher Aufwand, der durch die Veränderung entstanden ist, etc. Wer nicht an wahrscheinliche Risiken denkt, ist eine Gefahr für sich und andere. Aber die meiste Zeit – wie zuvor beschrieben – und vor allem am Ende: Entwickeln Sie gemeinsame Visionen, definieren Sie Ziele und sorgen Sie mit Entscheidungen dafür, dass an der Zukunft gearbeitet wird.

5.5.4 Orientierung in Verhandlungen

Wir haben schon über Verhandlungsserien und Verhandlungsepisoden gesprochen. Gerade in einzelnen Episoden hilft die Anwendung und der Einsatz des Kommunikationskompasses in folgenden Situationen:

Sie und Ihre Verhandlungspartner haben sich verfahren und hängen zum Beispiel in wechselseitigen Vorwurfschleifen fest, in denen es nur darum geht, wer was wo und wie übersehen hat, wer welche Fehler gemacht hat etc. In dieser Situation hilft eine einfache Frage: Wie wollen wir weitermachen? Diese Frage steuert zumindest in die Zukunft (die rechten Quadranten im Modell) und meistens auch nach oben.

Sie wollen ein gemeinsames Zukunftsbild nach dem Vorbild des integrativen Verhandelns entwickeln. Das kann sogar gut gehen, wenn Sie nach negativen und damit Vermeidungserfahrungen fragen, um dann den Hebel umzulegen und über mögliche gemeinsame Lösungen zu sprechen.

Sie wollen Ihre Position stärken? Dann sorgen Sie dafür, dass die »Unten-Themen«, also die unteren beiden Quadranten im Modell, dem Verhandlungspartner gehören und der obere Bereich Ihnen. Das bedeutet, Sie lenken das Gespräch gezielt auf die Misserfolge und Probleme, die der Verhandlungspartner in der Vergangenheit hatte und bei denen Sie sicher sind, dass Sie sie lösen können. Sprechen Sie gezielt über reale zukünftige Risiken, die für den Verhandlungspartner relevant sind und die nicht mit Ihnen kausal in Verbindung gebracht werden können.

Damit sind die »Unten-Themen« klar mit Erfahrungen des Verhandlungspartners verknüpft und Sie können über Erfolge sprechen, über Referenzen, wie Sie ähnliche Schwierigkeiten für andere vergleichbare Kunden lösen konnten und wie Sie – jetzt geht es zum Quadranten rechts oben – mögliche Probleme des Verhandlungspartners aufgrund Ihrer Expertise (Ihr Quadrant links oben) mit bewährten Methoden (auch links oben) zukünftig lösen wollen (rechts oben).

Die besten Methoden, um das Gespräch dorthin zu lenken, sind Fragen. Doch bevor es zu den Fragen geht, tauchen wir in das Thema Widerstand ein und das beginnt mit dem Wort »Nein«.

5.6 Nein sagen. Nein hören. Nein auflösen

Nein ist ein ganzer Satz und braucht keine Erklärung. Das ist ein gängiger Spruch und stimmt obendrein. Wenn Sie heute nach österreichischem Arbeitsrecht eine Kündigung aussprechen, sollten Sie diese nicht begründen. Denn gegen die Begründung kann ein Einspruch erhoben werden, gegen eine unbegründete Kündigung nur unter besonderen Schutzbedingungen.[39]

Ich kann aber auch die Elternkarte ziehen, um den Einwortsatz »Nein« deutlich zu machen. Unsere Tochter Valerie kommt und möchte während der Schulzeit um 22 Uhr noch »Netflixen«: »Papi, noch eine Folge bitte!« Freundlich, langsam, bestimmt antworte ich: »Nein ...« und lächle Valerie elterlich liebevoll an. »Aber Papi, nur mehr eine, das dauert eh nur eine halbe Stunde ... Warum nicht?« Für viele – auch für mich – ist es eine Herausforderung, jetzt nicht in die Erklärungsfalle zu tappen. Denn jede meiner Erklärungen würde jetzt zu einer langen »Ja, aber«-Orgie führen. Ohne Erklärung gibt es aber keinen Ansatzpunkt für eine Entgegnung. Der Einwand würde bei einem isolierten »Nein« ins Leere laufen. Meine Antwort lautet daher: »Valerie, Nein!« »Aber Papi, *warum* nicht ...?« Die schwierige Herausforderung, auch bei der achten Wiederholung noch freundlich zu bleiben, gelingt mir übrigens auch nicht immer.

5.6.1 Das starke Nein

Ich erinnere nochmals, dass das starke, isolierte Nein als Tool eher der »Hammerklasse« zuzuordnen ist und deswegen nicht für jede Situation und zur Auflösung jedes Widerstands geeignet ist. In der Mehrheit der Fälle werden Sie das Nein vermutlich erklären müssen, wenn Sie nicht einen starken Beziehungsbruch riskieren wollen.

Was ist das starke Nein? Es ist – wie zuvor beschrieben – die eindeutige Mitteilung, dass Sie an einer bestimmten Stelle weder bereit sind, inhaltlich oder sonst wie weiterzugehen, noch, sich dazu zu erklären.

Machen Sie dazu folgende Übung: Bitten Sie jemanden, etwas zu verlangen, wozu Sie mit großer Sicherheit Nein sagen, auch ohne das weiter zu begründen. Beispiel: »Schenke mir 500 Euro!« Die meisten schütteln den Kopf und teilen auch mimisch und gestisch mit, dass sie die Frage unangemessen finden. Manche formulieren noch ein »Sicher nicht« dazu.

39 Vgl. https://www.wu.ac.at/fileadmin/wu/o/we4u/text/ar-09.pdf.

Die Kunst besteht aber darin, ein freundliches, wohlwollendes Nein zu formulieren, dabei den Kopf ruhig zu halten und die fragende Person freundlich anzusehen und anzulächeln. Diese Übung scheint trivial, sie ist es aber nicht. Ich kann Sie nur dazu auffordern, es zu versuchen. In den Seminaren und manchmal auch in Vorträgen verwende ich das als kurze Demo, um zu zeigen, wie automatisiert die Begleitbewegungen zur Verneinung sind und gleichzeitig, wie wirksam das starke Nein als Tool sein kann, wenn es Ihnen darum geht, das Thema ohne weitere Diskussion zu beenden.

Die Kunst des starken Nein besteht darin, das Thema zu beenden, aber nicht die Beziehung!

In Verhandlungen setze ich das starke Nein gerne ein, wenn ich zu einem neuen Thema umlenken will. Daher verbinde ich es meist mit einer »Umleitung« zu einem Thema, mit dem ich weiter machen möchte. Gerade in diesen Situationen hilft die starke Signalwirkung des Wortes Nein in Verbindung mit Freundlichkeit und dem konkreten (konkludenten) Angebot, mit einem anderen Aspekt oder Thema weiterzumachen. Das kann zum Beispiel bei zu frühen Preisthematisierungen der Fall sein oder wenn es in eine Richtung geht, in der die eigene Position geschwächt sein könnte.

5.6.2 Widerstand hat einen Grund

... und es ist günstig, wenn Sie den kennen.
Auf den folgenden Seiten stelle ich Ihnen ein Modell vor, in dem Sie typische Kategorien des Widerstands kennenlernen. Diese sollen Ihnen helfen, unterschiedliche Widerstandsformen nicht nur zu erkennen, sondern ich zeige Ihnen auch Techniken, wie Sie diese auflösen können.

Denken Sie einmal selbst an eine Situation, in der Sie in den Widerstand gegangen sind und Ihr Konfliktpartner auf Ihren Widerstand in keiner Form einging. Für die meisten ist das eine unangenehme Situation, die zwischen lästig und belastend erlebt werden kann, bei vielen löst es ab einer gewissen Dauer und Intensität Ärger aus, manchmal kommt es zu aktiver Gegenwehr.

In fast allen Verhandlungen gibt es zu gewissen Zeitpunkten Einwände. Einwände sind nichts anderes als verbalisierter Widerstand.

An der Oberfläche kann Widerstand durch Druck und den Einsatz von Macht aufgelöst werden. Was würden Sie machen, wenn Sie jemand durch Einsatz von Macht und Druck dazu bewegt, etwas zu tun oder einer Sache zuzustimmen, der Sie sonst nicht zugestimmt hätten? Die meisten jedenfalls würden versuchen, entweder dem Druck auszuweichen oder sonstige Auswege zu finden, um eben nicht das zu tun, was man nicht tun wollte. Und wieder gilt: Was passiert, wenn der Druck nachlässt? Was würden Sie tun? Vermutlich möglichst bald wieder die alte Routine herstellen, sofern das möglich ist.

5.6.3 Die 5-3-1-Kategorien für den Widerstand

a) Widerstandskategorien aus der Fünfer-Gruppe

Überlegen Sie einmal, in welchen typischen Fällen jemand »Nein« sagt. Dabei kann Ihnen nochmals der Golden Circle von Simon Sinek helfen (vgl. Kapitel 5.2). In diesem sind schon drei Kategorien oder Widerstandsdimensionen enthalten. Diese drei gehören zur ersten Gruppe, der sogenannten Fünfer-Gruppe

Kategorie 1: Nein zur Sache

»Das kann ich nicht brauchen« ist eine deutliche Aussage, dass *das*, was angeboten wurde, nicht das ist, was der Kunde braucht. Also gilt der Einwand dem Inhalt und es folgt das zu erwartende Nein. Wenn Sie ein Geschäft betreten, in dem Ihnen ein Pullover angeboten wird, obwohl Sie keinen brauchen, dann richtet sich Ihr Widerstand gegen das Angebot an sich und weitere Diskussionen über den Gegenstand sind obsolet. Gerade in Verhandlungen, die schon am Laufen sind, geht es ganz selten um diese Dimension, denn wenn die Sache, über die Sie verhandeln, gar nicht gebraucht wird, würden Sie nicht verhandeln. Und doch kommt es immer wieder vor, dass es sich im Verlauf einer Verhandlung herausstellt, dass der Verhandlungspartner etwas anderes braucht, als ursprünglich angenommen.

Achtung aber bei Teilaspekten einer Sache: Es kann durchaus vorkommen, dass zwar bestimmte Elemente, aber nicht alle gewünscht werden. Womit wir bei der Schnittstelle zur nächsten Widerstandsdimension sind.

Kategorie 2: Nein zur Qualität

»Den roten Pullover nicht!« Dieses Nein sagt noch nicht aus, dass es gar keinen Pullover braucht. Eventuell einen grünen oder einen mit V-Ausschnitt oder einen größeren. »Dieses Programm funktioniert bei uns nicht«, bedeutet nicht, dass nicht ein anderes doch funktionieren könnte.

Der Einwand, also der Widerstand gegen die Qualität, kommt in Verhandlungen deutlich häufiger vor als der Widerstand gegen die Sache. Denken Sie einfach an Ihre Verhandlungen zurück: Wie viele Einwände gegen Eigenschaften Ihrer Angebote mussten Sie schon auflösen?

Eine Eigenschaft kommt bei fast jeder Verhandlung vor. Das ist der Preis. Preisverhandlungen sind eine eigene Kategorie. Meine klare Empfehlung ist, dieses Kapitel immer erst am Schluss zu verhandeln, sonst läuft es auf ein Bluffen und Feilschen hinaus, was nach dem Next-Level-Negotiation-Modell wiederum mehr mit Glücksspiel als mit Verhandeln zu tun hat. Vor allem haben Sie dann die Gewissheit, dass das einzige Nein die Höhe des Preises betrifft – entweder für Sie oder für den anderen. Das wiederum bedeutet, dass es viele Alternativen gibt, die Qualität des Preises durch andere bereits vereinbarte Qualitäten zu ersetzen, zu kompensieren oder auszuweiten. Und dies ist ein weiterer Grund, das Thema »Preis« ganz ans Ende der Verhandlung oder in die letzte Episode der Verhandlungsserie zu stellen.

Kategorien 3 und 4: Nein zum Ort und zur Zeit

Ich stand, vollbeladen mit Milch, Butter, Brot und Gemüse und einer noch längeren Liste von noch zu besorgenden Artikeln, im Auftrag meiner Frau im Lebensmittelgeschäft und gebe zu – ich war überfordert, denn Suchen und Finden zählt nicht zu meinen Stärken. Außerdem hatte ich meine Brille vergessen und versuchte mithilfe der Vergrößerungsfunktion meines Smartphones die selbst angefertigten Hieroglyphen meines Einkaufszettels zu entziffern. Da sprach mich ein Nachbar an, den ich allerdings nur flüchtig kenne.

»Ah, Herr Keil, schön, dass ich Sie hier treffe, es ginge um den Baum« »Wie bitte?« Ich hatte zu dem Zeitpunkt keine Ahnung, was er wollte. »Na die alte Eiche, hinten beim Bach, brauchen Sie die, ich tät mich für die interessieren, kann ich die haben?«

Meine Antwort war tatsächlich sehr kurz: »Nein! Ich muss jetzt weiter. Auf Wiedersehen!« Das Rätsel, worum es eigentlich ging, löste sich etwas später auf, denn er wollte aus einer umgestürzten Eiche einen Tisch anfertigen und dafür entweder einen angemessenen Preis zahlen oder sonst eine Kompensation aushandeln. Was war geschehen? Weder der Zeitpunkt noch der Ort war für diese Fragestellung tauglich gewählt und die Antwort fiel entsprechend negativ aus.

Wenn der Chef gestresst über den Büroflur hetzt, ist dies vermutlich weder ein guter Ort noch eine gute Zeit, um nach einer Gehaltserhöhung zu fragen. Die Antwort wird – wenn es überhaupt eine gibt – dann ein flüchtiges »Jetzt nicht« sein. Es könnte aber auch die Antwort kommen: »Hier nicht!« In jedem Fall ist es ein Nein.

Kategorie 5: Nein zum Prozess

Deutsch ist eine sehr präzise Sprache, nahezu mathematisch präzise, daher wundere ich mich immer wieder, dass es auf eine ganz wesentliche Frage, nämlich die Frage nach dem »Wie«, zwei mögliche Antworten gibt.

Wie machst du das? Konzentriert, konsequent, beständig, ist die eine Antwortmöglichkeit. Zuerst nehme ich alles, was ich brauche, aus der Schachtel, dann lege ich es auf den Tisch und dann beginne ich die Teile zusammenzubauen, ist die andere.

Beide Antworten sind richtig. Während die eine die bereits besprochene Dimension der Qualität betrifft, bezieht sich die andere auf die Dimension des Prozesses.

Ich weiß nicht ob Sie Latein gelernt haben. Wenn ja, erinnern sie sich vielleicht noch an die Fragewörter Quomodo und Qualis. *Quomodo* ist die Frage nach dem Ablauf, nach dem Prozess. Auch heute spricht man noch von Modalitäten, wenn es um die Vorgehensweise geht, während *Qualis* die Frage nach der Beschaffenheit also den Qualitäten ist.

»So kannst du nicht mit mir reden!«, bedeutet nicht, dass der Inhalt verweigert wird, sondern entweder passen Stil und Tonalität nicht oder der Kommunikationsprozess entspricht nicht dem gewünschten oder akzeptierten Vorgehen.

Was viele überrascht: In dieser Kategorie ist die Chance, ein »Nein« abzustauben, am höchsten. Aber auch Kommunikation ist ein Prozess, Verhandeln ist prozessual gestaltet und Vertrieb auch. So scheitern auch nachweislich die meisten Vertriebsprojekte nicht am Vertriebsgegenstand, dem Produkt (Was), der Qualität (Welches), auch nicht an Zeit und Ort (Wann und Wo), sondern am Prozess, also an dem »Wie«.

Egal in welcher Kategorie Sie ein Nein bekommen – alles ist dann Nein!

b) Widerstandskategorien aus der Dreier-Gruppe
Die folgenden drei Kategorien sind etwas spezieller. Nach den eher sachlichen Fünfer-Kategorien wird es nun persönlicher, emotionaler. Ich wage an der Stelle eine unangenehme Frage. Denken Sie an ein für Sie wichtiges Projekt oder Vorhaben, bei dem Sie – leider – gescheitert sind. Was waren die Ursachen, die an Ihnen und nicht an der Außenwelt lagen?

Dazu ein Beispiel von mir für die erste der Dreier-Kategorien. Gemeinsam mit einem Partner hatten wir 2016 eine App entworfen, die als mobiles und interaktives Intranet für Klein- und Mittelbetriebe konzipiert war. Das Ganze so aufgesetzt, dass es in allen Anforderungen der damals nahenden Datenschutzverordnung entsprach. Wir meinten, klüger als die agilen Grundsätze zu sein und besser entwickeln zu können als WhatsApp. Ein fataler Irrtum, denn unsere Fehlentscheidungen führten zu massiven Verzögerungen, teurer Produktion, und als wir schließlich auf dem Markt waren und die ersten Kunden bedienten, kam MS Teams auf den Markt. Die konnten zwar damals nicht so viel wie unsere App, waren aber gratis. Wenige Monate später mussten wir die Entwicklung einstellen, der Schaden war beträchtlich.

Kategorie 1: Nicht können oder dürfen
Die Frage, was das mit Widerstand zu tun hat, ist einfach: Wir hatten einen Widerstand, das zu tun, was aus Erfahrung anderer klüger gewesen wäre, weil wir uns überschätzt

hatten. Die uncharmante Kurzform: Wir hatten auf den Gebrauch vorhandener Klugheit verzichtet und konnten daher nicht.

Was auch in diese Kategorie passt, sind Verbote oder einschränkende Regeln. Auch die führen dazu, dass jemand nicht kann. Selbst wenn Ihre Verhandlungspartner etwas wollen, was Sie vorschlagen, bedeutet das nicht, dass sie das auch dürfen. Entweder weil die Budgets nicht da sind, weil die Company-Guidelines wie Einkaufsrichtlinien es nicht zulassen oder Ähnliches. Dieses Nicht-Können kann in Verhandlungen offen gespielt werden, dann wissen Sie wenigstens, woran Sie sind. Manchmal halten Verhandler die einschränkenden Regeln hintan, weil es zu ihrer Taktik gehört. Hier helfen entsprechende Fragenskripte, die ich Ihnen in Kapitel 5.8 vorstelle.

Manchmal ist es auch so, dass sich Verhandlungspartner überfordert sehen, Ihren Angeboten zu folgen. Auch dann gibt es meist verdeckten Widerstand, der seinen Grund im Nicht-Können hat. Und wieder gilt: Wenn Sie diesen Widerstand nicht anerkennen, verhandeln Sie gegen eine starke Grenze weiter, was meistens zu Beziehungsstörungen und einem erfolglosen Ende der Verhandlungen führt.

Kategorie 2: Zu aufwendig – der persönliche Business Case rechnet sich nicht
In den sachlich begründeten Verhandlungen zur Einführung eines dringend nötigen Recruiting-Systems hatte der Anbieter die Unternehmensleitung überzeugen können, dass sich eine weitere Expertenverhandlung lohnt. Das neue System bricht mit so ziemlich allen traditionellen Recruiting-Routinen und fokussiert auf typische Bedarfe und Bequemlichkeiten für Jobinteressierte. Dazu gehört unter anderem, dass Bewerbende am liebsten so bald wie möglich mit ihrem zukünftigen Chef sprechen, das mühsame Ausfüllen von endlosen elektronischen Formularen ablehnen und gerne Job-relevante Fragen beantworten, statt die typischen »Was sind Ihre Stärken und Schwächen und wo sehen Sie sich in fünf Jahren?«-Rituale mit jemandem durchlaufen zu müssen, den sie nach einer erfolgreichen Bewerbung nicht mehr sehen werden.

Was bedeutet das für die Recruiting-Verantwortlichen? Einen hohen Aufwand, viel Mühe und anfangs sicher Mehrarbeit. Also gibt es zuerst Widerstand, der in diesem Fall anfangs sogar so weit führte, dass die Pilotprojekte auf mehr oder weniger subtile Art seitens der Recruiting-Abteilung boykottiert wurde. Auch hier gilt wieder: Wenn das Verhandlungsziel in der Realisierung Aufwand produziert, muss es für die Betroffenen im Rahmen der Verhandlungsstrategie auch persönliche Gewinne geben, sonst gibt es nur Widerstand gegen den zusätzlichen Aufwand.

Dieser konkrete Fall dient auch für die letzte und meistens stärkste Widerstandskategorie aus der Dreier-Gruppe:

Kategorie 3: Widerstand aus Angst und Unsicherheit
Bleiben wir beim neuen Recruiting-Prozess mit dem end-to-end-digitalisierten Tool, integrierter Performance-Messung und einem Prozess, der den Recruiter vom Türsteher mit der kleinen Macht zum Prozessmanager verändert. Aber nicht nur das, mit diesem Ansatz kann ein Recruiter die Arbeit von Dreien erledigen. Da taucht unvermeidbar die Frage auf: Was ist mit den anderen? Welchen Job werden die dann machen. Sorge um den Arbeitsplatz – nur eine Umschreibung für Job-Angst – ist die verständliche Konsequenz und führt zu deutlich verhärteter Abwehr.

Ein anderes Beispiel, wieder aus dem Verhandlungsfall des Verkehrsunternehmens: Die Verhandlungen zeigten sich zunehmend schwieriger, unter anderem waren die Lieferanten die inhaltlich lineare Gangart des Käufers aus der Vergangenheit nicht gewohnt. Bislang waren die Verantwortlichen auf der Käuferseite eher entgegenkommend und geduldig, was über die Zeit zu einem Ausnutzen dieser Haltung geführt hatte. Im Rahmen der Verhandlungsberatung haben wir gemeinsam eine wirksamere Präsentation der eigenen Position sowie eine konsequentere Argumentationsstrategie eintrainiert. Der schwierigere Übungspart für die Verhandelnden war, genauso konsequent freundlich zu bleiben und nicht die harten Inhalte durch hartes Auftreten zu spiegeln – eines der wichtigsten Grundprinzipien im durchsetzungsstarken Verhandeln.

Was war nun die Quelle für die immer panischere Abwehr auf der Seite der Verhandlungspartner: Wir wussten, dass unsere Forderungen jenseits der Kompetenzen der Ansprechpartner lagen. Zustimmung zu den Anspruchsgründen wiederum hätte bedeutet, dass die Forderungen uneingeschränkt gerechtfertigt und daher zu bedienen gewesen wären. Also versuchten die Vertreter der Lieferanten, sich mit den erstaunlichsten Methoden und Argumenten aus der Situation zu winden.

Warum die großen Anstrengungen? Zum Nicht-Können kam die Angst, das Thema an die nächste Managementebene eskalieren zu müssen. Das wäre einem Offenbarungseid gleichgekommen und hätte aufgrund der Bedeutung des Projekts mit hoher Wahrscheinlichkeit zu einem Verlust von wesentlichen Bonusanteilen und möglicherweise zu einer Karrierebremse geführt.

In der Verhandlung haben wir das aufgrund des Profilings und einer metikulösen Situationsanalyse für unsere Vorbereitung genutzt und ein umfangreiches alternatives Programm vorbereitet, welches von den Anspruchspartnern entschieden werden konnte und die gleichen kommerziellen Auswirkungen hatte.

So konnten wir durch eine integrative Verhandlungsstrategie, abgeleitet von Profiling und personenbezogener Analyse, eine Lösung finden, die alle Beteiligten (weitgehend) zufriedenstellen konnte und auch eine konstruktive Gesprächsbasis für nachfolgende Verhandlungen absicherte. Gewinn für alle.

c) Die Einer-Kategorie: Widerstand gegen die Person

Ein kleines gedankliches Experiment: Stellen Sie sich vor, der letztgenannte Fall wäre anders gemanagt worden. Die Käufer hätten eskaliert, die Verantwortlichen der Tochtergesellschaft wären durch das Einschreiten der übergeordneten Managementebene persönlich geschwächt worden und hätten die faktischen Konsequenzen – kein Bonus und keine Karriere für die nächste Zeit – erdulden müssen. Es ist naheliegend, dass das die Beziehung zwischen einzelnen Personen massiv beeinträchtigt hätte.

»Mit dir nicht!« ist der stärkste Widerstand, den es in Verhandlungen gibt. Und es ist der einzige Widerstand, der sich nicht ohne Systemwechsel auflösen lässt. Während es in der Fünfer-Gruppe (Sache, Qualität usw.) recht einfach ist, indem man sich auf die Suche nach sachlichen Alternativen begibt, und in der Dreier-Gruppe (Kompetenz, Aufwand, Angst) zwar aufwendiger, aber noch immer mit den handelnden Personen möglich ist, kann der Widerstand gegen eine oder mehrere Personen in einer Verhandlung nur durch den Austausch der Personen aufgelöst werden.

Lässt sich eine Beziehung »reparieren«?

Ich kann es nicht ausschließen, dass es auch während einer Verhandlung gelingen kann, sich ein neues Image zu erarbeiten. Praktisch habe ich das jedoch nicht erlebt. Stellen Sie sich vor, Sie haben ein wirklich herausforderndes Thema, in dem es aufgrund der sachlichen Differenzen ständig zu Reibungen kommt. Dazu kommen Einschränkungen in den Kompetenzen: Sie können einfach nicht alles machen, was in der Situation hilfreich wäre, und dann ist Ihnen der Chef-Verhandler der anderen Seite noch grundsätzlich unsympathisch. Wie sehr wären Sie bereit, Ihre Einstellung zu einer Ihnen unsympathischen Person während der Verhandlung zu ändern?

Eine Verbesserung des Kontakts ist möglich, funktioniert aber wesentlich leichter, wenn gerade keine Verhandlung stattfindet oder sonstige Sachthemen zwischen den Personen stehen. So kann eine Reflexion nach der Verhandlung, Wertschätzung und Anerkennung für die Leistungen und Beiträge der Verhandlungspartner nach oder vor der Verhandlung helfen, solche Situationen nicht entstehen zu lassen oder im Nachgang durch klärende Gespräche wieder zu deeskalieren.

Prophylaktisches Beziehungsmanagement

Abschließend eine Empfehlung, die allen, die dieses Investment getätigt haben, hohe Verhandlungsrenditen eingespielt hat. Überlegen Sie sich, mit wem Sie häufig und regelmäßig in Verhandlungen sein werden. Sorgen Sie auch außerhalb von Verhandlungen für sogenannte »Update-Kontakte«, das hilft Ihnen, wenn es zu schwierigen Situationen kommen sollte. Mehr dazu erfahren Sie in Kapitel 7 »Kontakte und Netzwerk«.

5.6.4 Widerstand auflösen oder verstärken?

Was ist Ihre erste Reaktion, wenn Sie angegriffen werden? Ausweichen? Zurückschlagen? Oder freundlich nachfragen, worum es eigentlich geht? In diesem kurzen Satz sind die wesentlichen **Konfliktstrategien** beschrieben.

a) Dem Widerstand ausweichen

Themenwechsel, wenn es hart hergeht. Das ist für viele in polarisierenden Gesprächssituationen, wenn es so richtig unangenehm wird, ein bewährtes Mittel, um die Beziehung nicht zu riskieren und doch im Spiel zu bleiben. Das ist durchaus möglich und kann zu Erfolgen führen, wenn die eigene Gesprächsstrategie wieder zum Thema zurückführt und die eigenen Interessen angemessen vertritt.

Wann ist das Vertagen des Themas – also dem kurzfristigen Ausweichen des Widerstands – sinnvoll? Dann, wenn Sie bei Ihrem Verhandlungspartner eine deutliche emotionale Verhärtung feststellen. Wer sich ärgert, hat weder Hirn noch Ohren für Sachargumente offen. Die Vertagung des Themas hat hier die Aufgabe, für eine Entspannung zu sorgen, um dann, wenn alle Verhandlungsteilnehmer dazu bereit sind, das Gespräch wieder aufzunehmen.

b) Grenzen ziehen

Auf das Thema »Zurückschlagen« gehe ich hier nur mit einem Satz ein. Verzichten Sie darauf. In Abschnitt 5.9.1 stelle ich Ihnen die Gerechtigkeitsfalle vor, ein Prinzip, das zu vielen erfolg- und ergebnislosen Verhandlungen geführt hat. Zurückschlagen führt zum Zurück-Zurückschlagen führt zum Zurück-Zurück-Zurückschlagen usw.

Grenzen ziehen ist eine andere, bessere Strategie, wenn Sie meinen, Ihr Verhandlungspartner habe Grenzen überschritten. Grenzen ziehen funktioniert zum Beispiel mit dem starken Nein, das in Kapitel 5.6.1 vorgestellt wurde. Oder durch weitere Korrekturen, eine Technik, die in Kapitel 5.9 separat behandelt wird.

Das Wichtigste beim Grenzen ziehen ist das eigene Zustandsmanagement. So verständlich es auch sein mag, dass Sie sich ärgern, wenn sich jemand aus dem Rahmen bewegt hat, aus Ihrer Sicht unverschämte oder unbegründete Forderungen stellt oder sich unangemessen und unhöflich verhält: Die stärkste Form der eigenen Positionierung ist Souveränität. Diese Haltung zeichnet sich nicht durch Ärger, Vorwurf oder Kampf, sondern Klarheit, Ruhe und Freundlichkeit aus.

c) Den Widerstand verstehen

Ich war überrascht. Auf die Präsentation meines Vorschlags kam eine heftige und anklagende Reaktion: »Das ist ja reine Fantasie, was Sie da sagen!« Dabei hatte ich das Vorgehen aus einem erfolgreichen Projekt mit Referenzen vorgestellt. Mein erster Impuls war tatsächlich Streit. Ich wollte mir diese Unverschämtheit nicht gefallen lassen. Nur was hätte es gebracht? Also hielt ich mich an meine eigenen Empfehlungen und stellte folgende Frage:

»Worum geht es Ihnen tatsächlich?«

Diese Frage ist ein kleines Kunstwerk. Sie zielt auf die Motivation und nicht auf den Inhalt ab. Damit ergründe ich direkt die **Quelle des Widerstands** und um die geht es. Fragen wie »Warum sagen Sie das?« würden eher zu einer polarisierenden, scheinsachlichen Diskussion führen, die niemandem weiterhilft.

»Das würde ja bedeuten, dass wir unsere Prozesse umstellen müssen!«, war die spontane Antwort. Damit war klar, dass es nur vordergründig um eine sachliche Kritik (das nicht, dieses nicht oder so nicht) ging, sondern dass der tatsächliche Widerstand durch Sorge, also in diesem Fall Angst vor dem Aufwand, begründet war.

Mir ermöglichte diese Frage und die Reaktion des Verhandlungspartners, die Verhandlung konstruktiv weiterzuführen. Wir haben eine Lösung gefunden und das Projekt fand unter Berücksichtigung der Bedarfe des spontanen Kritikers statt.

Die Geburtszange für die Lösung war eine Frage. Im nächsten Abschnitt lade ich Sie daher zu einer vertieften Reise in die Welt der Fragen und ihrer Wirkungen ein.

5.7 Die Macht der Frage

5.7.1 Warum Fragen so stark wirken

Was ist in Ihrem Umfeld grün? Haben Sie sich kurz umgesehen, nach etwas Grünem gesucht? Oder sich sonst irgendwie mit dem Thema »Grün« auseinandergesetzt? Wenn ja, haben Sie sich wie die signifikante Mehrheit aller Menschen verhalten. Denn ungeachtet wie unsinnig Fragen sein mögen – die Frage nach dem Grün war unsinnig –, wir Menschen reagieren darauf. Vielleicht nur kurz, vielleicht nur oberflächlich, aber im Unterschied zu einer Aussage, die wir übergehen können, schaffen wir das bei Fragen meistens nicht. Das zeigt die Macht der Frage. Daher sind Fragen die wichtigsten Werkzeuge der Gesprächsführung und damit in Verhandlungen.

5.7.2 Der Datenbankeffekt

Eine Frage aktiviert das Denken und steuert Suchprozesse. Das haben Sie vermutlich gerade mit dem Grünbeispiel selbst erlebt. Schauen wir uns die Wirkung etwas genauer an, denn unsere Wahrnehmung und unser Gehirn funktionieren in diesem Punkt tatsächlich ähnlich wie ein Computer, auf dem eine komplexe Datenbank läuft. Denken wir nochmals an die Quadranten im Kommunikationskompass (vgl. Kapitel 5.5). Je nach Aufmerksamkeitsrichtung denkt man an schöne Dinge in der Vergangenheit, Risiken in der Zukunft oder die nächsten Schritte usw.

Eine Frage ist ein Suchauftrag an die Datenbank Ihrer Erinnerung
Was haben Sie heute Schönes erlebt? Was hat Ihnen besondere Freude bereitet? Was hat Sie wirklich gestärkt? Was haben Sie heute schon erlebt, was Sie sich gerne merken möchten? Welche herausragenden Stärken haben Sie heute schon erfolgreich eingesetzt?

Diese Fragen führen Sie direkt zu Ihren Stärken. Auch wenn Sie zuvor gar nicht daran gedacht haben, werden Ihnen vermutlich soeben einige Dinge bewusst, die Sie auszeichnen. Stärken, die Ihnen erlauben, wirklich tolle Dinge zu machen, zum Beispiel erfolgreiche Verhandlungen zu führen. Und genau das ist die Wirkung, die Sie durch Fragen erzielen können: Sie gehen mithilfe von Fragen in den Erinnerungen Ihrer Gesprächspartner gezielt auf die Suche nach Erfahrungen, die für den Moment, das Thema und vor allem für Ihr Verhandlungsziel hilfreich und wertvoll sind.

Wenn diese Erfahrungen dann im Bewusstsein aktiviert sind – beim Computer würde man sagen: in den Arbeitsspeicher hochgeladen –, entfalten diese Erinnerungen nicht nur eine Informationswirkung, sondern eine emotionale Wirkung. Und die ist für Verhandlungen wesentlich wichtiger.

Denken Sie hier nochmals an die typischen Ängste von Einkäufern und Verkäufern. Diese adressieren Sie viel wirksamer, wenn Sie das Thema durch richtige Fragestellungen lancieren, als wenn Sie jemandem aktiv erklären, dass genau jetzt die richtige Zeit ist, keine Angst vor einem Abschluss zu haben oder eben das Falsche einzukaufen.

Präsenz verstärkt die Wirkung – das gilt auch für Informationen
Wenn Sie vorhin gezielt an Ihre Stärken und Erfolge gedacht haben, haben Sie dadurch die Informationen zu den konkreten Situationen aktiviert. Was immer es war, zum Beispiel ein erfolgreicher Verkauf, eine überzeugende Rede, die Bewältigung einer komplizierten Aufgabe in kurzer Zeit, neben der Sachinformation werden Sie sich vermutlich gestärkt und zufrieden oder motiviert fühlen, um gleich die nächste Aufgabe anzugehen.

Das ist der **Datenbankeffekt**, den wir mit Fragen bewirken. Wir arbeiten vornehmlich mit den Informationen, die wir gerade bewusst aktiviert haben. Zumindest entfalten diese Informationen eine höhere emotionale Wirkung und werden daher situativ stärker gewichtet. In der Gesprächsführung in Verhandlungen geht es daher darum, genau diese Informationen zu aktivieren, die den eigenen Anliegen helfen.

5.7.3 Die Macht der subjektiven Wahrnehmung

Es geht nicht darum, was Ihr Verhandlungspartner weiß, sondern was er glaubt. Diese Verhandlungswahrheit ist so wichtig, dass wir uns noch öfter damit auseinandersetzen werden.

Glauben ist eine subjektive Sache. Daher sind Glaubensdiskussionen zwar spannend, aber meistens nicht sehr erfolgreich, was die Veränderung der Perspektive betrifft. Es wird kaum jemals einem überzeugten Katholiken gelingen, einen überzeugten Muslim durch eine Auflistung von Fakten (so es die überhaupt in diesen Fragen gibt) zur Aufgabe seines Glaubens und zum Einnehmen einer neuen spirituellen Haltung zu bringen.

Wenn ich von Glauben als starkes Element in Verhandlungen spreche, geht es allerdings nicht um die Weltreligionen, sondern um emotional gefestigte Annahmen. Diese bilden sich im Lauf unseres Lebens durch Erfahrungen, bestätigte Erfahrungen und nochmals weitere bestätigte Erfahrungen, die allesamt durch unsere subjektive Brille gefiltert und auf den Kontext, in dem wir uns gerade befinden, bezogen werden.

»Das ist nicht fair!« Wie oft habe ich diesen Ausruf von meinen Kindern gehört. Wenn die Aufteilung einer Bonbonniere nicht nach den eigenen Vorstellungen gelaufen war oder eine Note doch schlechter ausgefallen war als erwartet. Meine Standardantwort ist dann immer: »Fair nach welchen Maßstäben? Das Leben ist ohnedies nicht fair zu dir, aber du solltest froh sein, dass es so ist. Denn du lebst in Österreich, hast ein Dach über dem Kopf, brauchst dich nicht zu fürchten und hast etwas zu essen. Und zwar jeden Tag. Das trifft bestenfalls auf 20 % der Weltbevölkerung zu. Also was ist fair?« Sie können sicher leicht nachvollziehen, dass dieser Erziehungsversuch – so richtig die Aussage auch objektiv ist – subjektiv eher wenig oder nur abwehrende Wirkung zeigt. Trotzdem erfreue ich mich an dem Sickereffekt, denn die beharrliche Wiederholung führt tatsächlich zunehmend zu faktenbezogenen und weniger subjektiven Datenverarbeitungen und damit zu klügeren Aussagen bei unseren Kindern.

Diese subjektiven Denkfallen sind in unterschiedlichen Büchern ausgiebig beschrieben, und ich empfehle jedem, der sich intensiver damit auch zur Steigerung der eigenen Verhandlungsstärke auseinandersetzen will, die Bücher von Daniel Kahneman, vor allem »Die Psychologie der Dummheit«[40], und – als schnelle Kost – »Die Kunst des klaren Denkens«[41] von Rolf Dobelli.

40 Daniel Kahneman et al.: *Die Psychologie der Dummheit: Das Geheimnis einer entbehrlichen Eigenschaft endlich entschlüsselt*, Riva 2019.

41 Rolf Dobelli: *Die Kunst des klaren Denkens: Neuausgabe mit großem Workbook-Teil*, Kindle Ausgabe, Piper ebooks, 2020.

…und was willst
du wirklich?

Zusammenfassend: Für Entscheidungen sind Fakten die Basis. Allerdings nur jene Fakten, die als richtig akzeptiert und für das Thema relevant angenommen werden. Diese Fakten können dann emotionale Wirkung entfalten, wenn sie nicht nur den Weg durch die subjektiven Filter unserer Gesprächspartner gefunden haben, sondern von diesen aufgrund ihrer individuellen – und daher wieder subjektiven – Prioritäten als wichtig eingestuft werden. Diese Informationen sind dann – sofern im Entscheidungsmoment im Bewusstsein präsent – genau die Faktoren, die emotional auf Entscheidungen wirken. Und genau das ist es, was geniale Verhandler können. Sie sorgen dafür, dass durch Verhandlungsstrategie, taktik und skills genau die Bilder bei ihren Verhandlungspartnern entstehen, die die Durchsetzung der eigenen Interessen begünstigen.

5.7.4 Wie Sie Fragen richtig einsetzen

Ich bin noch immer erstaunt, dass ein »Nicht-Youtube-Star« ohne Werbung und sonstige Maßnahmen mit einem vergleichsweise langweiligen Thema und nur mit einem Flipchart bewaffnet doch auf einige 1.000 Aufrufe kommt. Wenn Sie, statt dieses Kapitel zu lesen, lieber vier Minuten ein Video schauen, dann folgen Sie dem Link in der Fußnote.[42]

Auch in den Verhandlungstrainings ist dieses Kapitel meistens das spannendste für alle. Das freut mich besonders, denn von allen Tools sind Fragen die wirksamsten. Hier erfahren Sie, welche Fragewörter Sie für welche Zwecke einsetzen können und worauf Sie achten sollten, damit Sie die Wirkung erreichen, die Sie anstreben.

Offen oder geschlossen?

Noch bevor es um die einzelnen Suchbefehle (= Fragewörter) geht, eine Klarstellung. Die Einteilung in offene und geschlossene Fragen ist wesentlich. Offene Fragen aktivieren gerichtetes Denken in Abhängigkeit des gewählten Fragewortes. Das führt zu längeren Antworten, die mehr Inhalt liefern als ein Ja oder Nein. Die Frage »Wie konkret planen Sie, in Ihrer nächsten Verhandlungsvorbereitung Fragen einzusetzen?« wird andere Antworten hervorrufen als die Frage »Planen Sie konkret, in Ihrer nächsten Verhandlungsvorbereitung Fragen einzusetzen?«. Beide Fragen provozieren sehr unterschiedliche Antworten. Die zweite Form, sogenannte geschlossene oder Entscheidungsfragen, kann man am Ende einer Verhandlung durchaus zielführend einsetzen. Das setzt aber voraus, dass Sie sich in der Verhandlung zu wesentlichen Entscheidungen vorgearbeitet haben.

Dann gibt es noch eine weitere Frageform: »Ist es nicht so, dass Sie bei der nächsten Verhandlungsvorbereitung konkret planen, Fragen einzusetzen?« Dieser Satz ist zwar

42 Vgl. https://www.youtube.com/watch?v=Ca2eZ48e5OM.

grammatikalisch eine Frage, tatsächlich aber eine Aufforderung, etwas zu tun. Den Einsatz von rhetorischen oder suggestiven Fragen empfehle ich in Verhandlungen seltener, da der Mehrwert, eine direktive Motivation zu bestärken, das Risiko einer Ablehnung aufgrund zu starker Direktive nicht aufwiegt. Da sind die oben genannten Frageformen bessere Alternativen.

Präsuppositive Fragen

Sie haben als Gast in einem Restaurant sicher schon unterschiedliche Kommunikationsformen des Personals erlebt, wenn Sie Ihr Mahl beendet und die Gläser geleert haben:

1. Es gibt Servicepersonal, das diese Situation gnädig zur Kenntnis nimmt und erst reagiert, wenn Sie nochmals einen Wunsch äußern.
2. Es gibt Personal, das auf Sie zugeht und die Frage stellt: »Darf ich Ihnen noch etwas bringen?«
3. Und es gibt die dritte Variante: Das Servicepersonal fragt: »Was darf ich Ihnen noch bringen?«

Obwohl sich Variante 2 von Variante 3 nur durch die Wortstellung unterscheidet, hat sie doch faszinierende Auswirkungen.

Fragevariante 3 geht von der Grundannahme aus, dass Sie bereits eine Entscheidung getroffen haben. Hier sehen Sie eine beeindruckende Statistik, die wir mit einem kleinen Feldtest im Restaurant meiner Frau in Schloss Kohfidisch unternommen haben. Wir haben jeweils 150 Gästen gezielt die untenstehenden Fragen gestellt, die Reaktionen und die Auswirkung der Frageformulierung auf Folgebestellungen waren erwartungsgemäß, allerdings hat uns die Ausprägung dann doch überrascht.

Abb. 8: Reaktionen auf Fragen im Service eines Restaurants

Die präsuppositive Frage, die die Bereitschaft des Gastes unterstellt, in jedem Fall noch etwas zu bestellen, lieferte 2,4-mal mehr Nachbestellungen als die Entscheidungsfrage. Dabei hatten wir gezielt darauf geachtet, genau die gleichen Worte nur in einer anderen Anordnung zu stellen. Dieses Beispiel zeigt deutlich, was Sie mit dem richtigen Einsatz in Verhandlungen erreichen können!

5.7.5 Wonach Sie fragen, wenn Sie fragen

Was?
Mit diesem Fragewort gehen Sie auf die Suche nach Fakten und Objekten. Gerade in der Anfangsphase oder wenn es um Sachverhaltsklärungen geht, stelle ich fast ausschließlich diese Frage. Was ist los? Was geschieht? Was machen die einzelnen Personen konkret? etc.

Mit der Frage »Was?« schaffen Sie eine Objektivierung in Situationen, in denen es heiß hergeht. Vor allem in konfliktreichen Situationen hilft es Ihnen, wenn Sie Fragen umdeuten. Hier ein paar Beispiele:

»Warum funktioniert das nicht?« wird zu »Was konkret funktioniert nicht?«. Die ohnedies kritische Frage »Warum?« wird durch die Umformulierung entschärft und von negativer Motivation auf sachliche Hinderungsgründe umgedeutet.

»Wie soll das gehen?« wird zu »Was braucht es, damit das funktioniert?«. Hier finden gleich zwei Umdeutungen statt: Die semantisch eher zynische oder kritische Infragestellung wird zu einer konstruktiven faktischen Frage, bei der das Frageziel Lösungsschritte sind.

Je kritischer und angespannter das Verhandlungsthema, umso mehr empfehle ich den konsequenten Einsatz von Was-Fragen, um den Verhandlungsverlauf über einen sachlichen Zugang zu entschärfen.

Wie?
Deutsch ist eine präzise Sprache. Das hatten wir schon beim »Nein« in der Kategorie Prozess und Qualität. »Wie« als Frage – so lernten wir schon in der Volksschule – fragt nach der Art und Weise. Es hat Jahre gedauert, bis ich verstanden hatte, was die Art und was die Weise ist. Die Art bezeichnet die Qualität einer Sache, einer Situation, einer Handlung, während die Weise den Modus, also die Reihenfolge darstellt.

Worin besteht der sensible Unterschied? Nun, Qualität ist eine subjektive Bewertung. Mir gefällt Paolo Conte, meiner jüngsten Tochter gefällt Yung Hurn, ein deutschsprachiger Rapper. Auf die Frage nach der Qualität (»Wie gefällt dir diese Musik?«) werden wir beide sehr unterschiedliche Antworten geben. Wie spielt dieser Musiker? Jetzt ist die Frage, die Methodik oder die Qualität gemeint. Die Qualität des Spielens ist wieder eine subjektive Bewertung, die zudem von der Kompetenz der Beurteilenden abhängt.

Wenn es um die Methode geht, also um die Frage, was die Musiker konkret in welcher Reihenfolge machen, kann ich auch die Wie-Frage stellen, bin aber immer der Gefahr ausgesetzt, dass meine Gesprächspartner nicht der Prozessfrage »Wie« folgen, sondern der Qualitätsfrage »Wie«.

Wenn Sie nun einen Ablauf erfragen wollen, fragen Sie daher nicht »Wie geht das?«, sondern fragen Sie »Was konkret machen wir in welcher Reihenfolge, damit das funktioniert?« und Sie werden beschreibende statt wertende Antworten erhalten.

Einen interessanten Aspekt zu dieser Frage hat Chris Voss in seinem Buch »Never Split the Difference«[43] ausgeführt, ein Buch, dass ich Ihnen ebenfalls stark empfehle. Dort beschreibt er in seinen Ausführungen zur Fragetechnik das, was ich die **Rechtfertigungsumkehr** nenne, mit einer Frage: Wenn der Verhandler von einem Geiselnehmer mit Forderungen konfrontiert wird, antwortet dieser nicht mit Begründungen, sondern mit einer Frage: »And how should I do that?« Hier eine klare Prozessfrage, die durch diese Form die Unmöglichkeit und Absurdität der Forderung nicht durch eine ablehnende Argumentation, sondern durch eine offen und empathisch gestellte Frage entlarvt.

Warum? Wozu?

Meine Lateinprofessorin war eine strenge und hart beurteilende Professorin. Sie hatte unsere Klasse innerhalb von wenigen Jahren dezimiert und von den anfänglich 42 Schülerinnen und Schülern gab es nur mehr 14 in der Maturaklasse im Jahr 1983, die meisten waren an Latein gescheitert.

Was die verbliebenen 14 von ihr jedenfalls gelernt hatten: Präzise Grammatik. So waren die Kausal- und Finalsätze mit ihren grammatikalischen Eigenheiten eine ständige Falle für Übersetzungsversuche. Bis sich bei einer kleinen Gruppe von Powerpaukern, zu denen ich gehörte, der Knoten im Kopf gelöst hatte:

»Kausal ist doch immer etwas, was schon passiert ist, warum sollten wir sonst die vorgelagerten Vergangenheitsformen verwenden!«, war der erkenntnisauslösende und gleichermaßen ungemein befreiende Seufzer einer Kollegin. Das Geheimnis war für uns damals 16-Jährige gelüftet.

Warum ist Vergangenheit, wozu die Zukunft?

43 Chris Voss: *Never Split the Difference: Negotiationg as if Your Life Depended on it*, Random House Business 2016.

Oder etwas akademischer ausgedrückt: Das Fragewort »Warum« bezieht sich auf meist subjektive Gründe in der Vergangenheit, während »Wozu« die zukunftsgerichtete Motivation erfragt, nämlich was jemand vor hat, durch Tätigkeiten zu erreichen.

Ich gerate dazu oft in Diskussionen, die ich mit einem einfachen Beispiel beende. Denken Sie an eine Situation, in der Sie sich vor Kurzem geärgert haben. Das wird Ihnen vermutlich nicht schwer fallen, und es muss auch keine sehr gravierende Angelegenheit gewesen sein. Ich gehe davon aus, dass Ihnen die Antwort auf die folgende Frage sehr leicht fallen wird: »Warum haben Sie sich geärgert?« Die Antworten beginnen fast immer mit einem »Weil«. »Weil ich keinen Parkplatz gefunden habe«, »Weil ich wegen einer Verspätung warten musste«, »Weil die Beurteilung ungerecht war«. Und nun drehen wir das Spiel um. Gleiche Situation, gleicher Ärger, andere Frage: »Wozu haben Sie sich geärgert?«

Ein Schweigen ist die häufigste Reaktion, die ich auf diese Frage bekomme. Damit ist schon einmal klar, dass »Warum« und »Wozu« nicht die gleichen Fragewörter sind. Das Spannende für mich ist: Auch wenn die meisten den Unterschied nicht beschreiben können, reagieren Sie dann doch darauf. Sie können das gerne einmal versuchen.

Welche Bedeutung haben die unterschiedlichen Fragewörter für Verhandlungen? Gerade in schwierigen Situationen empfehle ich eine strikte »Warum«-Diät. Stellen Sie gerne irgendeine andere Frage, aber bloß keine Warum-Frage.

Warum keine Warum-Frage?

Fügen wir die Puzzlesteine nochmals zusammen, um zu klären, warum die Anwendung der Warum-Frage in kritischen Situationen keine gute Idee ist:

1. Im Kommunikationskompass konnte ich zeigen, dass jene Informationen, die man gerade im eigenen Bewusstsein aktiviert und somit auf dem eigenen Schirm hat, eine wesentliche Auswirkung auf die Gefühlslage und damit die Handlungsqualität haben.
2. Wenn Sie also eine negative Stimmung dadurch verstärken, dass Sie darüber sprechen, wird das auch die negative Haltung und damit negative Handlungen wahrscheinlicher machen.
3. Fragen lenken die Aufmerksamkeit und laden Erinnerungen durch die Verwendung unterschiedlicher Frageformen selektiv ins Bewusstsein hoch: Die Warum-Frage geht in die Vergangenheit und fragt nach Gründen, ist also eine kausale Frage. Sie erhalten Antworten zum Auslöser, erfahren aber wenig über die Motivation der Zukunft.
4. In unserem Kulturkreis wird die Warum-Frage häufig als Vorwurfsfrage verwendet: Warum kommst du zu spät, warum hast du das nicht fertig gemacht?
5. Wer daher die Warum-Frage in einer kritischen Situation einsetzt, verstärkt die kritische Situation und darf sich nicht wundern, wenn dadurch alles schwieriger wird.

Häufig protestieren an dieser Stelle Experten aus dem Qualitätsmanagement. Dort ist für technische Prozesse die 5-Why-Methode als Werkzeug zur Ursache-Wirkung-Bestimmung bei technischen Problemen etabliert. Sakichi Toyoda, der Gründer von Toyoda (später Toyota), hat diese Vorgehensweise für technische Probleme erfunden. Für Kommunikationsprobleme taugt diese Methode weniger gut. Bisher empfanden alle, denen ein Fehler unterlaufen war und die zu diesem Fehler fünfmal mit der Warum-Frage behelligt wurden, diese Frageform als anklagend, einengend und wenig hilfreich.

Das Warum durch die Was-Frage ersetzen

Wenn Sie dennoch nach den Ursachen fragen wollen, gilt das, was ich schon bei der Was-Frage ausgeführt hatte: Ersetzen Sie das Warum durch eine Was-Konstruktion: »Was genau war los? Was hat dazu geführt? Wer hat was konkret gemacht, dass …?«

Wenn Sie einen Prozess erfragen wollen, können Sie fragen: »Wie geht das?«, und wenn es keine angespannte oder taktische Situation gibt, erhalten Sie vermutlich auch eine korrekte Antwort oder zumindest eine, mit der Sie etwas anfangen können. Was aber, wenn Sie in einem taktisch geprägten Umfeld sind, was bei Verhandlungen fast immer der Fall ist? Dann ist es besser, Sie formulieren die Prozessfrage so um: »Was konkret machen Sie …?«, »Was sind die nötigen Schritte in genau welcher Reihenfolge …«, »Worauf kommt es an, damit …?«

Selbst wenn Sie nach Qualitäten und Bewertungskriterien fragen, empfehle ich zumindest eine Was-Kombination: »Was ist es genau, was Sie erfreut?«, »Was konkret gefällt Ihnen daran?«, »Was ist es, was Sie kritisch sehen und was konkret macht es kritisch für Sie?« sind Fragenvariationen, die ich – an die jeweilige Situation angepasst – einsetze, um relevante und kritische Informationen zu erfragen, ohne subjektive Fallen zu riskieren.

Wo und Wann?

Auch Kontextfaktoren wie Zeit und Ort sind nötig, um erfolgreiche oder kritische Voraussetzungen abzufragen. Gerade der Einwand »Jetzt nicht!« kommt häufig. Auch wenn dies oft nur ein Vorwand und kein Einwand ist, zeigt es die Wichtigkeit, auch auf den Kontext zu achten, der ein positives Ergebnis begünstigt.

5.8 Fragenskripte

Fragenskripte sind wie kleine Choreografien. So wie ein guter Rock'n Roll nicht nur aus einzelnen Schritten, sondern aus einer Abfolge unterschiedlicher Schritte und Figuren in richtiger Reihenfolge zum Vergnügen wird, ist es im Verhandeln bei Fragen, die in einer Sequenz richtig eingesetzt die volle Wirkung erst entfalten.

Starten wir mit einer der wichtigsten Sequenzen. Ich habe schon einige Male ausgeführt, dass nur die Argumente zählen, die Ihre Verhandlungspartner als richtig und für das Thema relevant erachten. Wenn Sie sich in einer Teilverhandlung die Zustimmung zu einem Argument und seiner Relevanz gesichert haben, können Sie ab diesem Zeitpunkt das Argument für die weitere Verhandlung und Stärkung Ihrer Position einsetzen. Vorher nicht. Ich nenne das: »Etablieren eines Arguments« – und so heißt auch das erste Fragenskript

5.8.1 Das Basis-Skript: Argumente etablieren

Bevor Sie das Fragenskript entwerfen, müssen Sie einen logischen Aufbau Ihrer Argumentationskette entwickeln. Das kann auch mal eine dialektische Vorgehensweise sein: These, Antithese, Synthese. Sie könnten also mit einem Claim beginnen, von dem Sie ausgehen, dass er Ihren Verhandlungspartner deutlich herausfordert, Sie also sicher keine Zustimmung erhalten. Dann stellen Sie eine zweite These dagegen und ziehen aus beiden Aussagen eine Schlussfolgerung.

Hier ein Beispiel aus einer Preisverhandlung für Beratungsleistungen:
1. **These:** Keiner will mehr zahlen, als normalerweise für Tagessätze bzw. Stunden gezahlt wird. Daher orientieren sich viele beim Honorar am Branchenschnitt.
2. **Antithese:** Stunden sagen nichts über die Qualität und die Wirksamkeit aus. Mit der richtigen Methodik und dem richtig eingesetzten Know-how kann man in der gleichen Zeit mehr erreichen, was doppelten Mehrwert bringt.
3. **Synthese:** Der eigentliche Preis sollte aus dem Koeffizienten Wirkung pro Zeit ermittelt werden.

Übersetzt auf ein Fragenskript könnte das Fragenskript so aussehen:

Fragen zur These: Was sind in dieser Branche die üblichen Sätze? Was sind die Bandbreiten, die Sie bisher bezahlt haben?

Fragen zur Antithese: Wenn Sie eine Beratung zu diesem Thema einkaufen, worum geht es Ihnen dabei? Zeit? Nur der Preisvergleich? Was ist es wirklich, was Sie haben wollen und wofür Sie bezahlen? Manchmal kommt bereits bei der antithetischen Frage die synthetische Antwort, dann ist das wunderbar, wenn nicht, dann gehen Sie zum dritten Schritt vor:

Die synthetische Frage: Diese kann offen gestellt werden, wie die beiden Fragen zuvor, oder Sie bieten aus dem logischen Zusammenschluss die Synthese als Entscheidungsfrage oder sogar als Aufforderung zur Bestätigung an: Wenn Zeit nur eine Größe ist, die wichtigere jedoch die Wirkung, dann sollten wir doch über eine andere Form der Entlohnung sprechen, zum Beispiel über eine Erfolgsprämie, was meinen Sie? Wie viel wäre es Ihnen wert, dieses Problem gelöst zu haben?

Diese schrittweise Form des Einsatzes aufeinander aufbauender Fragen ist auf der einen Seite äußerst wirksam und hilft, nötige Argumente zu etablieren, anderseits reduzieren Sie Polarisierungen, da die Antworten ja nicht von Ihnen sondern von Ihrem Gesprächspartner kommen.

Natürlich kann es vorkommen, dass dieser die Antwort auf die Fragen verweigert. Viele merken natürlich, worauf das hinausläuft und dass so die eigene Position geschwächt werden könnte. Häufig hört man dann: »Ich weiß schon, worauf Sie hinauswollen, aber so läuft das bei uns nicht ...« Dies habe ich in Verhandlungen von Beratungsleistungen oft erlebt, denn gerade als Berater möchte auch ich aus der Tagessatz- und Stundenfalle herauskommen und lieber für den echten Mehrwert bezahlt werden. Daher verteidige ich meinen Ansatz, indem ich freundlich und bestimmt die Frage wiederhole. Ich leite dann meistens mit kurzen Floskeln über (z. B. »Das ist sicher so, lassen Sie uns trotzdem mal diesem Gedanken folgen«) oder mit einer meiner Lieblingskonjunktionen: »... und genau deswegen ist es gut, wenn wir uns darüber unterhalten!« und setze einfach fort. Mehr dazu dann im Einwandskript.

5.8.2 Das Fünf-Stufen-Skript

In diesem Abschnitt beschäftigen wir uns noch einmal mit dem Fünf-Stufen-Skript. Wir haben es als Variante der Storyline, als Grundgerüst für die Formulierung von wirksamen Argumenten, bereits in Kapitel 4.6.6 kennengelernt. Es eignet sich aber auch als Grundstruktur für ein wirksames Fragenskript, das eine Strukturierung von komplexeren Themen erlaubt.

Während das Skript »Argumente etablieren« situativ einsetzbar ist und keine besonders komplexen Vorbereitungen verlangt, sieht es beim Fünf-Stufen-Skript anders aus. Dieses ist gut eingesetzt, wenn Sie zu komplexen Themen mit jemandem oder einem Team verhandeln, mit dem Sie in einer längeren Beziehung stehen, und es vor allem darum geht, gemeinsam Probleme zu lösen.

Um es für Sie einfacher zu machen, habe ich die Beschreibung der Phasen, worum es in den einzelnen Schritten geht, nochmals ohne das Beispiel tabellarisch dargestellt: In der dritten Spalte sehen Sie typische Fragen, die Sie je nach Situation für dieses Fragenskript einsetzen können:

Stufe	Worum es geht	Vorschläge für Fragen
1. Situation bzw. Kontext	Die Ausgangssituation holt alle Beteiligten ins selbe Boot. Wenn man von unterschiedlichen Positionen aus startet, gibt es leicht Missverständnisse. Deswegen geht es im ersten Schritt um die Orientierung und das Alignment.	• Was ist die Situation? • Worum geht es? • Was sind die drei wichtigsten KPIs in dieser Frage? • Wer ist in welcher Rolle beteiligt? • Wann … Wie lange … Wo …? • Fragen, die in die Historie der Situation gehen – auch hier wieder: Fragen Sie nicht, warum die Dinge so sind, wie sie sind: • Was hat dazu geführt, dass heute die Situation so ist, wie sie ist? • Was sind externe Elemente, die die heutige Situation beeinflusst haben? Was sind interne Faktoren? • Wer war daran beteiligt? Durch welche konkreten Handlungen? • Und schließlich die berühmte Frage von Steve de Shazer: »Was noch?«[44]
2. Problem	Im nächsten Schritt leiten Sie ein Problem von der Situation ab. Sie verbinden also das, was Sie im ersten Schritt etabliert haben, mit einem tatsächlichen Problem.	• Was sind die unerwünschten Auswirkungen dieser Situation? • Welche Risiken ergeben sich dadurch? • Wie hoch schätzen Sie die Wahrscheinlichkeit ein, dass diese Risiko auch eintritt? • Was können weitere schädliche Konsequenzen aufgrund der Situation sein? • Was bedeuten diese für das Unternehmen, Ihr Team, Sie?
3. Ziel	Das Ziel ist eine SMARTE Beschreibung des Zielzustands. Also spezifisch, konkret beschrieben, messbar, attraktiv, mit Verantwortlichen (R für responsible) und für beide erreichbar (R für realistisch) sowie T für terminiert beschrieben. Das Ziel gibt eine faktische Orientierung darüber, wo die Reise hingeht.	• Wichtig: Wenn Sie aufgrund der Situation mehrere Probleme abgeleitet haben, z. B. vier konkrete Problemkreise, dann braucht es auch vier Zielfrageroutinen, denn es kann sein, dass jedes Problem seine eigene Lösung erfordert! • In Bezug auf welches konkrete Problem? Was ist Ihr Ziel? • Was sind die Merkmale des Ziels? • Woran messen Sie, dass Sie/Ihr Team das Ziel erreicht haben? • An welchen Zeitrahmen/Zeitpunkt denken Sie? • Wer übernimmt hier welche Rolle? Wer ist wofür verantwortlich? • Was können Sie konkret allein umsetzen? Wo brauchen Sie zusätzliche Ressourcen?

44 Steve de Shazer: *Die Wunderfrage und der richtige Dreh*, Carl Auer Verlag. Weitere Informationen auch unter: https://www.carl-auer.de/magazin/neuigkeiten/steve-de-shazer-80-geburtstag.

Stufe	Worum es geht	Vorschläge für Fragen
4. Nutzen	Nach der faktischen Orientierung des Ziels geht es jetzt wieder um die Motivation. An dieser Stelle um eine positive Motivation, denn Sie wollen Begeisterung oder zumindest emotionale Zustimmung für das Ziel hervorrufen. Schließlich braucht der nächste Schritt, die Umsetzung, das Commitment von allen Beteiligten.	• Wenn Sie das Problem gelöst und das Ziel erreicht haben, was bringt das für Ihr Unternehmen, Ihr Team, Ihr Ziel? • Was ist der größte Nutzen, den Sie vom Ziel ableiten können? • Was noch ...? • Gerade beim Mehrwert kann es sein, dass Sie die Frage öfter stellen sollten, um eine Konsequenzenreihe herzustellen. Mehr Zeit zu haben, ist sicher ein Gewinn. Nur was bringt mehr Zeit? • Fragen Sie nach der Konsequenzenreihe so lange, bis Sie eine Antwort bekommen, die auf einen deutlichen emotionalen Gewinn hindeutet.
5. Appell	Am Ende kommt die Aufforderung zur Handlung. Diese Aufforderung baut auf den vorhergehenden Stufen auf.	• Was tun Sie als Nächstes? • Was sind mögliche Schritte? • Was sind gute erste Schritte, um die Sache ins Rollen zu bringen? • Wer tut was bis wann?

Tab. 10: Das Fünf-Stufen-Skript

5.8.3 Das Kriterien-Skript

Dieses Fragenskript unterstützt Sie dabei, Entscheidungs- und Orientierungskriterien möglichst zielsicher zu identifizieren. Das ist wieder – ähnlich wie das Basis-Skript – eine Sequenz, die Sie in jeder Verhandlung an mehreren Stellen einsetzen können. Jedenfalls immer dann, wenn Sie persönliche Orientierungen Ihrer Verhandlungspartner erfahren wollen.

Im Unterschied zu professionellen Pokerspielern geben wir gewollt oder ungewollt jede Menge darüber preis, wie wir funktionieren. Je aufmerksamer Sie daher in Verhandlungen sind, umso mehr erfahren Sie von und über Ihre Verhandlungspartner. Dass diese Informationen für Ihr Profiling wertvoll sind, habe ich in Kapitel 4.4 bereits ausgeführt.

Um das Kriterien-Skript erfolgreich anzuwenden, gibt es zwei wesentliche Möglichkeiten:

1. Ihr Gesprächspartner erzählt von einer für ihn bedeutsamen Erfahrung.
2. Sie induzieren diese Information und sorgen durch eine Frage dafür, dass die bedeutsame Erfahrung – ein besonderer Erfolg oder eine sehr kritische Situation – zum Thema wird.

Sobald das Thema Gegenstand des Gesprächs ist, vertiefen Sie das Erlebnis, indem Sie nach weiteren Details fragen. Dazu können Sie die Fragen nehmen, die ich im Fünf-Stufen-Skript in der Kategorie »Situation« vorgeschlagen habe. Je präsenter die Erinnerung an die Situation, umso besser, denn dann sind auch die persönlichen Kriterien Ihres Gesprächspartners aktiviert.

Die folgende Tabelle enthält wieder die drei Stufen, eine Erklärung und Vorschläge für passende Fragen. Sie zeigt eine Auswahl von Fragen, die sich nach meiner Erfahrung bewährt haben und die für das wechselseitige Verständnis helfen.

Stufe	Worum es geht	Vorschläge für Fragen
1. Situation vertiefen	Unterstützen Sie Ihre Gesprächspartner durch Fragen darin, sich die für sie bedeutsame Situation eindrücklich vor Augen zu führen.	• Was war eine für unser Thema typische Situation? • Was war da genau? • Was ist geschehen? Was waren die Folgen? • Wer hat was gemacht? • Was war Ihre Rolle? • Was waren für Sie besonders bemerkenswerte Details? • Woran hat Sie das erinnert?
2. Kriterien	Fragen Sie jetzt, woran Ihre Gesprächspartner das fest machen, bzw. welche Schlüsse sie daraus ziehen.	• Wie denken Sie heute über solche Situationen? • Was war da besonders wichtig/störend/hilfreich? • Worauf konkret sollten wir achten, wenn wir ein ähnliches Projekt gemeinsam starten?
3. Werte	Manchmal – nicht immer – verbinde ich diese Fragen mit den persönlichen Werten. Das hängt von der grundsätzlichen Beziehungstiefe ab.	• Welche Ihrer Werte wurden dadurch adressiert? • Wie hatten Sie darauf reagiert und wie würden Sie heute darauf reagieren? • Welche Empfehlung würden Sie mir aufgrund dieser Erfahrung mitgeben?

Tab. 11: Das Kriterien-Skript

Durchsetzungsstark verhandeln bedeutet nicht Säbelrasseln und Kanonendonner, um Verhandlungspartner nach Möglichkeit einzuschüchtern, sondern den besten gemeinsamen Weg zu Ihrem Verhandlungsziel zu finden.

5.8.4 Das Pitch-Skript

In Kapitel 5.4 haben wir uns mit der Pitch-Struktur für Kernbotschaften auseinandergesetzt. Natürlich können Sie auch dieses Muster als Fragenskript einsetzen und damit eine nachhaltige Wirkung und Verankerung von Argumenten schaffen, vor allem wenn es darum geht, Ihre Kompetenzwahrnehmung zu stärken.

Die Struktur bleibt die gleiche:
1. **Schmerz:** Denn ohne das Bewusstsein und Spüren von Notwendigkeit gibt es keine Neugier. In Change-Programmen wird dies häufig als *Sense of Urgency* bezeichnet.
2. **Vision:** Das verlockende Ziel der Reise
3. **Warum wir?:** Der Beweis und Nachweis, dass Sie und Ihr Team zu den guten, den richtig guten Wahlmöglichkeiten gehören, um diesen Schmerz aufzulösen.

Was den Pitch-Skript auszeichnet, ist der Wechsel zwischen Argument und Frage. Der parodistisch übertriebene systemische Ansatz, Ihre Gesprächspartner zu verlocken, ihnen Ihre Einzigartigkeit zu erklären, mag funktionieren, mir ist dies jedoch noch nicht ernsthaft und ironiefrei gelungen. Das würde sich so anhören: »Was, meinen Sie, würde jemand wie Sie in einer ähnlichen Funktion vermuten, was die außerordentlichen Fähigkeiten wären, die jemand wie ich haben könnte?«

Also ist es so, dass Sie pro Stufe zunächst mit Ihrer eigenen Erfahrung eine Antwort anbieten, um dann doch offen zu lassen, was die tatsächliche Antwort sein kann:

Schritt	Aussage	Nachfolgende Frage
1. Schmerz verstehen	Einige unserer Kunden haben in ähnlichen Situationen folgendes Problem …	• Wie sieht das bei Ihnen aus? • Wie genau …? etc.
2. Vision	Hier müssen Sie keine Argumente bringen, sondern können gleich weiter fragen – allerdings nicht so intensiv, wie beim Fünf-Stufen-Skript und den Zielkategorien.	• Was möchten Sie in dieser Situation erreichen? • Was würde Ihnen da wieder einen ruhigen Schlaf schenken? • Was würden Sie sich da wünschen?
3. Kompetenz	Jetzt kommt wieder der Pitch: »Was uns in einem ähnlichen Fall gelungen ist …« und dann führen Sie maximal drei kurze Kompetenz-Highlights aus.	• Was wäre für Sie sonst noch wichtig? • Mit dieser Frage treffen Sie wieder die Vorannahme, dass das, was Sie zuvor ausgeführt hatten, für Ihre Gesprächspartner wichtig ist. • Das gelingt aber nur, wenn Sie sich bei der Darstellung Ihrer Kompetenzen kurz gefasst haben.

Tab. 12: Das Pitch-Skript

Das Pitch-Skript setze ich gerne zu Beginn einer Verhandlung oder in Vorverhandlungen ein, um in der Wahrnehmung meiner Gesprächspartner eine in meinem Fach und der gegenständlichen Verhandlungsfrage eine kompetente Rolle einnehmen zu können. So hatte ich vor einiger Zeit ein Erstgespräch mit einem potenziellen Kunden, der meinte, alles selbst und das auch noch besser als alle anderen zu wissen. In dem Gespräch erfuhr ich lange Belehrungen über mein Fach, was mir zwar beim Profiling half, allerdings dazu führte, dass ich im Thema nicht weiter kam.

In einer Redepause stieg ich dann mit dem Pitch-Skript ein und wählte einen Schmerz, den mein Partner öfter angesprochen hatte, nämlich den Schmerz, in der Organisation kein Gehör zu finden (was für mich aufgrund seines Gesprächsverhaltens durchaus nachvollziehbar war). Er litt darunter, dass viele nötige Veränderungen von seinen Peers blockiert wurden. Genau dort konnte ich mit meiner Erfahrung aus einer ebenfalls großen Organisation aus der Branche einsteigen und mir Gehör verschaffen. Als ich noch mehrfach unterbrochen wurde, sorgte ich mit der Frage »Interessiert Sie meine Erfahrung dazu?« – freundlich und wohlwollend gestellt – damit, mir schließlich Gehör zu verschaffen. Solche Fragen sind wesentlich günstiger als die schnöde »Jetzt lassen Sie mich auch mal was sagen!«-Variante, da es wieder Angebote und nicht Belehrungen sind.

Ich startete den Pitch ein zweites Mal und sorge so dafür, dass sich ein Dialog entwickelte, in dem beide – auch ich – die jeweiligen Verhandlungspositionen einbringen konnten.

5.8.5 Das Wert-schaffen-Skript

In Kapitel 4.8 ging es um integratives und distributives Verhandeln als Strategie. Das Wert-schaffen-Skript ist eine einfache Folge von Fragen, die Sie dabei unterstützt, entweder eine integrative Verhandlungssequenz generell einzuleiten oder eine Gesprächswende herbeizuführen, wenn es zu einer Wertverteilungsstrategie gekommen ist, obwohl es das nicht braucht oder gar nicht das Thema ist.

Ich nenne diese kurzen, schnellen Umlenkungsstrategien mithilfe von wenigen Fragen »Schuhlöffel-Methoden«. So sorgen Sie mit einfachen Hilfsmitteln, dass rasch und schmerzfrei alles sitzt und dort seinen Platz hat, wo es hingehört.

Ich hatte die Tür noch nicht durchschritten, da sagte mein Gesprächspartner, ohne zu grüßen, ohne aufzusehen, zu mir: »Sie können gleich mal 10 % abziehen. Leute wie Sie sind immer viel zu teuer!« Weder stand das Thema fest noch, was ich machen wollte, schon gar nicht konnte mein Verhandlungspartner wissen, was meine Tagessätze waren. Ich ging darauf gar nicht ein, sondern lächelte freundlich, setze mich hin, nahm

Blickkontakt auf und sagte: »Grüß Gott!«, wie in Österreich üblich. »Ja ... also, Grüß Gott auch, wie gesagt, Sie sind viel zu teuer!« Das kam schon leiser und sichtlich irritiert, da seine Einschüchterungstaktik nicht funktioniert hatte. Wäre mir das am Anfang meiner Karriere passiert, wäre ich vermutlich perplex gewesen und hätte mich geärgert. Höflichkeit ist ein hoher Wert für mich und es konnte geschehen, dass mich die Abwesenheit von Höflichkeit geradezu blockiert hatte. So aber hatte ich mich an meine eigene Verhandlungsaffirmation gehalten und diese durchgezogen: Freundlich! Freundlich! Freundlich! So einfach mache ich mir das selbst.

»Bevor wir über Preise sprechen – was könnte denn jemand wie ich für Ihr Unternehmen tun? Ich nehme an, Sie haben wegen dieser Frage zu einem Gespräch eingeladen. Nach zwei, drei weiteren kleineren Provokationen sprachen wir dann über die Themen, die es tatsächlich gab, und meine Preise waren kein Thema mehr.

Was habe ich gemacht: Statt auf die Provokation einzugehen, die automatisch zu einer distributiven oder polarisierenden Verhandlung geführt hätte, habe ich konsequent und freundlich nach Mehrwertthemen gefragt. Dabei halte ich mich an eine einfache Regel: Ich bin sturer als der andere. Jedes mal, wenn meine Gesprächspartner versuchen, mich in eine Rechtfertigungsposition in einer distributiven Verhandlung zu bringen, frage ich, wie wir gemeinsam mehr Wert schaffen können.

Anders als in den zuvor beschriebenen Skripten braucht es beim Wert-schaffen-Skript weniger inhaltliche, sondern viel mehr eine persönliche Vorbereitung. Hier gilt wieder das Prinzip des Tennisaufschlags: üben, üben und nochmals üben. Dazu bitte ich oft Freunde oder Kollegen, mich mit vorgegebenen »Steilvorlagen« so richtig in die Enge zu treiben. Ich übe dann, wie ich freundlich bleibe und konstruktiv mehrere Einladungen ausspreche. Statt zu kämpfen oder in den Wettbewerb zu gehen, suche ich zunächst nach gemeinsamen Optionen und Lösungen.

Ich gebe gerne und offen zu, dass es auch für mich eine ganze Menge an Lernfeldern gibt, um meine Verhandlungskünste von einem Level auf den nächsten und weiter auf den nächst höheren zu bringen. Das Thema »geduldig und freundlich bleiben« gehört dazu.

Zusammenfassend: Das Etablieren von Argumenten gehört beim Wert-schaffen-Skript ähnlich wie beim Basis-Skript zu den wichtigsten Stilfiguren im Verhandlungstanz. Denn die Verlockung, in den polarisierenden Streit oder Wettkampf zu gehen, ist häufig stark. Dies wird spätestens mit der Gerechtigkeitsfalle im nächsten Abschnitt deutlich. Die gute Nachricht: Es reicht eine kurze Bestätigung, gehört zu haben, was der andere gesagt hat, und dann die Fortsetzung mit einer Frage, die zum Entwickeln gemeinsamer Themen einlädt.

5.8.6 Skripte für Einwände

Einwände sind artikulierter Widerstand. Wenn Sie in einer Verhandlung nicht einverstanden sind, werden Sie das zum Ausdruck bringen. Daher gehe ich – bevor ich den Umgang mit Einwänden behandle – darauf ein, wie Sie Ihre Einwände wirksam formulieren können.

Ja, aber …

Genau diese Formulierung gehört nicht dazu. Wenn die Worte »Ja, aber …« fallen, wird bei den meisten Menschen ein neurologischer Automatismus ausgelöst. Die Ohren gehen zu und das Zu- und Hinhören endet schlagartig. Alles, was noch bezüglich Fokus auf den Gesprächspartner aktiv bleibt, ist der Filter: »Wo kann ich widersprechen?«

»Wir hatten doch vereinbart, dass die Ergebnisse bis gestern, 10 Uhr vorliegen, oder?« »Ja, aber die nötigen Spezifikationen lagen erst einen Tag vorher fest, wie soll man das schaffen?« »Ja, aber Sie hätten ja auch früher nachfragen können.« »Ja. Aber das ist wirklich nicht meine Aufgabe gewesen.« »Ja, aber Sie hätten den Prozess so unterstützen können …« usw.

Ich nenne diese Strategie »Jabern«. In weder beabsichtigter noch zufälliger, sondern unvermeidbarer[45] Ähnlichkeit zum Begriff: Labern. Die inhaltliche Bedeutung innerhalb der Kommunikation ist die gleiche, auch wenn der intellektuelle Aufwand höher sein kann.

»Ja, aber« wird zu »genau deswegen«

Die erste Schubumkehr erreichen Sie, wenn Sie, statt dem »Jabern« anheim zu fallen, die folgende Wortfolge versuchen, die Ergebnisse sind verblüffend:

»Ihre Preise sind viel zu hoch!« »Und genau deswegen gehen wir in der Planung so sorgfältig vor, dass das Meiste für Sie und Ihr Unternehmen dabei herausschaut!«

»So können wir das nicht machen, das hat noch nie funktioniert!« »Und genau deswegen kommt es wirklich darauf an, dass wir bei den neuen Prozessen auch Ihre Erfahrungen berücksichtigen.«

»Wo soll das denn hinführen, da könnte ja jeder kommen!« »Und genau deswegen nehmen wir auf die besonderen Umstände bedacht und haben diese im neuen Konzept berücksichtigt.«

Ich bin überzeugt, Ihnen fallen noch viele weitere Möglichkeiten ein, das »Jabern« zu einem »Und genau deswegen« umzuformulieren.

Das ist natürlich nur ein erster Schritt, der durch die Verwendung der Technik »Verneinung durch Zustimmung« erstaunliche Wirkung erhält. Aber ein erster Schritt kann richtig genutzt wie eine Weiche in die richtige Richtung wirken. Genau das ist hier der Fall.

Sollte nun der Einwand kommen: »Ja, aber damit ist die Verhandlung noch nicht gerettet«, lautet meine Antwort: »Genau deswegen ist es wichtig, mit dieser einfachen und wirksamen Technik zu beginnen, um dann die Einladung zur weiteren Kooperation auszusprechen!« Quod erat demonstrandum.

Widerstandsfaktoren einer Verhandlung

Und nun geht es zu den einzelnen **Widerstandsfaktoren**. Sie finden hier eine Tabelle mit den einzelnen Kategorien und Fragen, die Ihnen als Reflexion helfen, die tatsächlichen Widerstände nach dem 5-3-1-Muster aus Kapitel 5.6.3 aufzulösen. Dabei werden Sie feststellen: Das Herausfinden kann schwieriger sein als die Auflösung. Gerade in

45 Diese Wortfolge hatte Heinrich Böll in seinem Vorwort zum Buch: *Die verlorene Ehre der Katharina Blum*, dtv, 1976, verwendet, als er die Praktiken der Bild-Zeitung ins Visier nahm.

der Fünfer-Gruppe ist die Einwand auflösende Frage sehr einfach, bei den anderen Kategorien kann es etwas komplexer werden, vor allem in der Dreier-Gruppe:

	Fragen, um den Widerstand besser verstehen zu können	Die konkrete Frage zur Auflösung
Fünfer-Gruppe		
Sache	Was kann es rein sachlich sein? Welche inhaltlichen Vorbehalte hast du?	Was sonst ...?
Qualität	Was für Qualitäten, Eigenschaften etc., die dir wichtig sind, fehlen dir? Was sind deine wichtigsten qualitativen Kriterien?	Welches sonst ...?
Prozess	Welche Einwände hast du bezüglich des Vorgehens? Was stört dich am Ablauf? Was würdest du anders machen?	Wie konkret sonst ...? In welcher Reihenfolge?
Zeit	Wäre dir ein anderer Zeitpunkt, eine andere Zeiteinteilung oder Zeitdauer lieber? Wenn ja, welche?	Wann denn? Welche Zeit wäre dir lieber?
Ort	Was würdest du an den örtlichen Rahmenbedingungen gerne ändern?	Wo passt es besser?
Dreier-Gruppe		
Können	Welche Fähigkeiten würden dir helfen, dein Thema besser in den Griff zu bekommen?	Was brauchst du? Wie kann ich helfen? Wer kann helfen?
Mehrwert **Business Case** **Bequemlichkeit**	Wie sieht das Verhältnis persönlicher Einsatz und Aufwand zu möglichem Mehrwert tatsächlich aus? Alternativ: Was würdest du benötigen, um dich eher aufraffen zu können?	Was würde als Gewinn so viel bringen, dass sich die Veränderung lohnt?
Sicherheit	Welche Risiken sind damit verbunden? Wie denkst du darüber? Was würde es brauchen, damit sich das Risiko rechnet?	Wie können wir ... absichern?
Einer-Gruppe		
Person	Gibt es persönliche Vorbehalte gegen jemanden, der direkt beteiligt ist? Was löst das bei dir aus?	Wer sonst könnte hier sinnvoll etwas machen?

Tab. 13: Widerstandsfaktoren einer Verhandlung

5.9 Korrekturen – Wenn die Verhandlung aus dem Ruder läuft

Nicht immer gelingen Verhandlungen so, wie man es sich vorstellt. Es gehört einfach dazu, dass eben nicht jede Situation vorhersehbar, planbar, kalkulierbar und einschätzbar ist. Für diese Situationen gibt es in diesem Buch eine Auswahl an sechs weiteren bewährten Kommunikations- und Verhandlungstools, die Ihnen helfen, Verhandlungssituationen, die aus dem Ruder gelaufen sind, wieder auf Spur zu bringen. Was alle gemeinsam haben: Es geht um **Korrekturen der Beziehungsebene** und es sind Hilfen, eine konstruktive Gesprächsbasis herzustellen.

»Ich bin doch nicht die Mutter Theresa!« Heute noch dröhnen mir die Ohren, wenn ich an den polternden Chef-Einkäufer eines internationalen Konzerns denke. Nein, sicher nicht. Und genau damit hat es nichts zu tun. Wer in der Lage ist, eine wirklich schwierige Gesprächssituation aktiv wieder ins Lot zu bringen, zeigt nicht nur menschliche Größe, sondern vor allem Verhandlungsstärke.

Aus meiner Erfahrung mit vielen anspruchsvollen Verhandlungsepisoden kann ich sagen: Jene, die eine eskalierte Situation mit offensichtlichem Fehlverhalten der anderen Verhandlungspartner durch Einsatz wirksamer Verhandlungstechniken wieder ins Lot gebracht haben, galten durchgängig als souveräne Persönlichkeiten mit einer hohen persönlichen Kompetenz und Autorität, die sie in den nachfolgenden Sequenzen für die Umsetzung der eigenen Verhandlungsstrategie und damit der Verfolgung der eigenen Verhandlungsziele nutzen konnten. Vermutlich hat Mutter Theresa das auch gekonnt, sonst hätte sie ihr großartiges Werk unter solch schwierigen Bedingungen niemals zustande gebracht.

Bevor es mit den rhetorischen Tools weitergeht, stelle ich Ihnen ein Reflexionsmodell vor, das in vielen Mediationsverhandlungen zu erstaunlichen Erkenntnissen geführt hat.

5.9.1 Die Gerechtigkeitsfalle

Für viele ist Gerechtigkeit ein hoher Wert. Fairness im Umgang mit anderen und Gerechtigkeit in der Verteilung. Ich höre das auch oft: »Wenn ich etwas nicht ausstehen kann, dann sind das Ungerechtigkeiten!« Auch in Mediationen wird mir häufig durchaus glaubwürdig vermittelt, dass man einer fairen Lösung jederzeit zustimmen würde. Aber was ist fair? Wenn wir Fairness dem Wert der Gerechtigkeit zumindest gleichordnen, auch wenn es Unterschiede gibt, so gibt es noch immer die unvernünftige Annahme, es gebe ein Natur- und Grundgesetz, das Gerechtigkeit absolut und damit objektiv regeln würde.

Ich stelle die Frage ein wenig anders: Würden Sie dieser Gleichung zustimmen: (juristisches) Recht = Gerechtigkeit? Weit über 90 % antworten mit einem klaren »Nein« auf diese Frage.

Nächster Versuch. Was sagen Sie zu dieser Gleichung: Gerechtigkeit = Vernunft? Nicht nur, wer Michael Kohlhaas[46] gelesen hat, wird eher zaghaft antworten oder gleich verneinen.

Das Ergebnis ist eigentlich erschütternd: Die Mehrheit aller Befragten schließen aus, dass das Recht über gerechte Prinzipien vernünftige Zustände herstellen kann. Bevor ich noch tiefer in die Gerechtigkeitsproblematik einsteige, ein paar Worte zu den Dynamiken der einzelnen Kategorien.

Recht

(Juristisches) Recht ist formell und damit objektiv eindeutig beschrieben. Wenn als festgesetzte Regel gilt, dass jeder 10 % seines Einkommens zu zahlen hat, egal wie hoch das Vermögen und der Verdienst sind, dann ist das eindeutig. Niemand braucht über diese Formulierung zu spekulieren und Interpretationen anzustellen, es ist eindeutig.

Gerechtigkeit: Gerade diese Regel wird wiederum die Mehrheit der gutverdienenden Menschen als gerecht empfinden. Klar, es bleibt viel in der Kasse, und bei 10 % Steuer kann man sich sogar den Steuerberater sparen, Steuerhinterziehung lohnt auch nicht wirklich.

Gerechtigkeit

Schlecht verdienende Bürger finden dieses Prinzip der niederen Flat Tax sicher nicht so gut, denn schließlich trifft es sie wesentlich härter, 10 % von ihrem Geld abzugeben. Sie werden das als ungerecht und unfair empfinden. Was also ist Gerechtigkeit? Zunächst ist klarzustellen, dass es keine objektive Gerechtigkeit gibt, damit bleibt nur Subjektivität als Grundprinzip. Die Subjektivität kann noch ein Stück gemildert werden, da in einem pluralistischen System wenigstens eine größere Schnittmenge subjektiver Bewertungen herangezogen wird. Ein deutliches Beispiel dafür sind Veränderungen in der Gesetzgebung in Bezug auf sexuelle Vorlieben. Selbst in der Welt des 21. Jahrhunderts unterscheidet sich der rechtliche (und gesellschaftliche) Umgang mit gleichgeschlechtlichen Partnerschaften von völliger Gleichstellung in den meisten modernen Staaten bis zur Verfolgung mit Androhung der Todesstrafe für den reinen Umstand der Homosexualität im Iran sowie empfindlichen Strafen in den meisten islamisch dominierten Ländern. Recht? Ja. Gerecht? Wohl kaum. Damit wird nochmals deutlich, dass Gerechtigkeit in jedem Fall ein subjektives Konzept ist, entweder

46 Heinrich von Kleist: *Michael Kohlhaas – Aus einer alten Chronik* (1810). Siehe z. B. Reclam-Ausgabe mit Kommentaren, 2016.

einzelner Personen oder einer Gruppe, die die Macht hat, ihre Auffassung anderen aufzuerlegen.

Damit schließt sich der Reigen mit dem unerfüllbaren Wunsch des Mediationsteilnehmers nach einer fairen, einer gerechten Lösung. Meine Antwort darauf ist immer: »Wenn Sie und Ihr Konfliktpartner das gleiche Verständnis von Fairness und Gerechtigkeit haben würden, säßen Sie nicht hier. Sie können bestenfalls ein erträgliches Ergebnis erreichen. Womit wir beim letzten Element der Gleichung sind: der Vernunft.

Vernunft
Für diese Bezeichnung habe ich mich entschieden, weil ich sie positiv finde und das, was mit Vernunft verbunden wird, allgemein als konstruktiv und zukunftsorientiert gilt. Wenn Sie den Begriff »vernünftige Lösung« hören, werden Sie vermutlich nicht an die Vergangenheit denken, sondern daran, dass nun pragmatisch eine Lösung gefunden wird, die für alle Beteiligten lebbar ist.

Was hat nun die Gerechtigkeitsfalle mit dem Verhandeln zu tun? Nun, es ist ein wirksames Reflexionsmodell, das Sie warnen kann. Nämlich dann, wenn Sie sich zu ärgern beginnen. Ärger ist ein guter Indikator, dass Ihr Ausgleichssystem verletzt wurde und Sie entsprechend Ihren persönlichen, subjektiven Werten etwas als unangemessen, unfair oder ungerecht empfinden. Aber wovor warnen? Wenn Sie aus Ärger zu handeln beginnen, kann das leicht Schaden stiften. Steven Reiss war einer der bekanntesten Handlungsmotiv-Forscher, der seine Erkenntnisse in mehreren Büchern festgehalten hat. In seinem bekanntesten Buch beschreibt er 16 verschiedene Handlungsmotive.[47] Das Handlungsmotiv »Rache« gehört zu den Top-Handlungsmotiven, so sein schockierender Befund, welches selbst lethargische Leute dazu bringt, sich aufzuraffen und zu handeln. Nur welche Handlungen entstehen wohl aus dem Motiv der Rache?

Wenn Sie ein wenig mehr über sich erfahren wollen, dann finden Sie einige Kurzanalysen im Web, in denen Sie für sich eine Einschätzung treffen können.[48]

Zusammenfassend: In Verhandlungen erleben Sie ständig potenzielle Ungerechtigkeiten. Als souveräne Verhandlungspersönlichkeit ist Ihnen das bewusst und Sie können sich und Ihre Aufmerksamkeit so managen, dass Sie nicht mit dem Gerechtigkeitskampf beginnen. Die kluge Entscheidung ist, linear die eigenen Interessen weiter zu vertreten, nach machbaren und vernünftigen Lösungen zu suchen und – freundlich zu bleiben.

47 Steven Reiss: *Who Am I? The 16 basic desires that motivate our actions and define our personalities*. Tarcher/Putnum 2000.

48 Vgl. https://www.penguinrandomhouse.de/content/attachment/webarticle/7_lothar_seiwert_reissprofile_40628.pdf.

5.9.2 Die Kompromissfalle

Vor einiger Zeit wollte ich mein gebrauchtes Motorrad verkaufen. Es war wenig gefahren und das Risiko für mich zu groß geworden. BMW, 6 Zylinder, vermutlich das beste Gerät, welches ich in meiner 35-jährigen Karriere als Motorradfahrer bewegt hatte. Der ausgelobte Kaufpreis war 15.000 Euro, ein marktkonformer Preis mit etwas eingebautem Verhandlungsspielraum.

Ein Interessent kam, inszenierte sich als Kenner und bemäkelte dieses und jenes. Ich war amüsiert, denn der **Kritikerfehler** ist nicht gerade neu und spielt dem in die Hände, der ihn nicht begeht.

Nach den üblichen Ritualen versuchte der Käufer sein Desinteresse nochmals zu steigern und sagte, »Na ja, so gut ist die BMW dann auch wieder nicht …«, natürlich hätte ich darauf eingehen können, denn wer fährt 50 km, um sich ein Motorrad anzusehen? Wohl nur jemand, der interessiert ist. Man muss nicht auf alles antworten. Dann kam der Versuch, durch ein deutlich verringertes Angebot ein Priming zu starten: »Also, mehr als 10.000 ist die Kiste nicht wert.« Ich gebe zu, kurz dachte ich daran, das Gespräch einfach zu beenden, entsann mich aber dann, hier eine wunderbare Übungsgelegenheit zu haben. Und sagte einfach nichts dazu, sondern fragte, ob ich noch einen

Kaffee anbieten dürfe. »Nein, danke ... ja was sagen Sie denn zu meinem Preisvorschlag?«, »Eben. Wollen Sie noch einen Kaffee haben. Was soll ich zu diesem Preisvorschlag sagen?« Dann kam wie zu erwarten das Kompromissangebot: »Na gut. Dann treffen wir uns eben in der Mitte. 12.500 Euro ist eh ein guter Preis!«

Chris Voss hat sein ganzes Buch nach diesem Prinzip benannt, ich habe es schon zitiert: Never split the difference. Oder anders ausgedrückt: Gehen Sie nie einen Kompromiss in der Mitte ein, bei dem Sie nur einen Eckpunkt genannt haben.

Und wieder blieb ich höflich und freundlich, lächelte den potenziellen Käufer an und wiederholte meine Frage: »Ich sagte ja, was soll ich zu diesem Preisvorschlag sagen?« Das ist der spannende Moment, bei dem ungeübte Verhandler dann oft emotional werden. Sie reagieren dann persönlich beleidigt, weil ihr Angebot nicht angenommen wurde, keine Kompromissbereitschaft besteht oder auch umgekehrt, weil jemand nicht bereit ist, nach der Verhandlung den Preis zu zahlen, den man sich vorgestellt hatte.

Tatsächlich wurde der Besucher ein wenig »unrund« und zeigte sich beleidigt. Auch hier gebe ich zu – es hat mich früher beschäftigt, wenn jemand in solchen Situationen plötzlich ruppig zu mir wurde. Daher kann ich viele verstehen, die in die Beziehungsfalle tappen, weiß daher aber auch, wie ich da herauskomme: durch konsequente Freundlichkeit.

»Jetzt fahre ich für das Motorrad 100 Kilometer und Sie verlangen Unsummen!«

Ein interessanter Versuch, der durchaus wirksam sein kann. Man schiebt die eigenen Entscheidungen den anderen in die Schuhe, um das Gefühl der sozialen Verpflichtung auszulösen. Als ob ich darum gebeten hätte ... Wieder entgegnete ich freundlich: »In der Anzeige steht Fixpreis 15.000. Ich weiß nicht, wie Sie auf die Idee kommen, jetzt mit mir zu verhandeln. Ich nehme mir gerne die Zeit, Ihnen das Motorrad zu zeigen. Und wenn Sie es nicht kaufen wollen, tut mir das natürlich leid. Ich bin überzeugt, Sie werden sehr zufrieden damit sein. Wie wollen wir also weitermachen?«

Der konsequente Verweis auf den Preis und das Abfedern der Strategie der emotionalen Druckverhandlung hatte nun den gegenteiligen Effekt. Das Ende der Verhandlung? Ich hatte das Motorrad ohne Abzug an diesen Interessenten verkauft. Was waren die wesentlichen Erfolgselemente, die ich selber in eigener Sache eingesetzt habe?

1. konsequent freundlich bleiben
2. Immunität gegen die Gerechtigkeitsfalle
3. Etablieren von Argumenten über eine Frage/Antwort-Methodik
4. statt auf Kompromissangebote einzugehen, die gleiche Frage, gestellt mit unterschiedlichen Startpositionen (10.000 Euro und 12.500 Euro)
5. das Gesamtsystem beachtet und die Motivation analysiert
6. immer auf die Rechts-oben-Ecke des Kommunikationskompass geachtet

5.9.3 Die sachliche Umdeutung

Manchmal kann es passieren, dass in der Hitze des Gefechts ein Verhandlungspartner aus dem Rahmen fällt und damit startet, Sie persönlich und unsachlich anzugreifen. Abgesehen davon, dass das unangenehme Situationen sind, bringt es niemanden in der Verhandlung weiter, es erschwert die Kommunikation und kann bei ungeübten oder undisziplinierten Verhandlungspartnern zu einer Eskalation bis zum Abbruch der Verhandlung führen.

Vor Kurzem hatte ich so eine Situation beobachten können, in der der Verhandlungspartner meines Kunden, den ich in dieser Verhandlung begleitete, diesen derb attackierte: »Sie haben von Tuten und Blasen ja keine Ahnung, sonst kann man sowas gar nicht sagen.« Die Antwort meines Kunden: »Sie sagen, Sie sprechen mir die Kompetenz ab, zu diesen Themen etwas zu sagen.« Sachlich, ruhig, höflich, vielleicht nicht freundlich, aber ruhig. Die Reaktion des Angreifers: »Na ja, nein, so war's auch wieder nicht gemeint. also ...« Danach ging die Verhandlung weiter und das Machtverhältnis war gekippt, mein Kunde hatte den eindeutigen Lead.

Ich war begeistert, denn das war eine prototypische Anwendung der **sachlichen Umdeutung**. Diese beginnt – das können und wollen Sie auch nicht steuern – mit einem persönlichen Angriff, der Sie, Ihre Person, Ihre Kompetenz, das Unternehmen, das Sie vertreten, oder Mitglieder Ihres Teams beleidigt.

Die Technik der sachlichen Umdeutung besteht immer aus zwei Elementen:
- Das erste Element: »Sie sagen ...«
- Das zweite Element: Sie liefern ohne Interpretation eine ausschließlich versachlichte Umdeutung dessen, was Ihnen der Angreifer vorgeworfen hatte.

Die folgende Tabelle enthält weitere Beispiele für die Technik der sachlichen Umdeutung.

Angriff des Verhandlungspartners	Sachliche Umdeutung
»Das ist ja unverschämt teuer!«	»Sie sagen, dass der von uns genannte Preis für Sie zu hoch ist.«
»Da könnte ja jeder kommen!«	»Sie sagen, dass diese Leistung von jedem erbracht werden kann.« »Sie sagen, dass Sie unsere Forderung nicht nachvollziehen können.«
»Was soll der Blödsinn?«	»Sie sagen, dass Sie unser Konzept nicht nachvollziehen können.«
»Was ist das für ein Ramsch?«	»Sie sagen, dass Sie mit der Qualität, die wir für Sie bereitgestellt haben, nicht einverstanden sind.«

Tab. 14: Beispiele für die Gesprächstechnik der sachlichen Umdeutung

Wenn Sie Ihre Ansprechpartner kennen, wissen Sie vermutlich, bei wem Sie mit solchen Aussagen zu rechnen haben und bei wem nicht. Die Wirksamkeit der Methode besteht nicht darin, die unangemessene Aussage durch eine sachliche Entgegnung aufzuwerten, sondern durch die nahezu dehydrierte Versachlichung Folgendes zu bewirken:

1. Sie korrigieren die Aussage und lassen die unangemessene Formulierung nicht einfach stehen.
2. Sie teilen dem Sender analog und nicht in Worten mit, dass Sie nicht bereit sind, auf unsachliche Art weiter zu diskutieren.
3. Häufig adressieren Sie damit auch das schlechte Gewissen, was wiederum bei der weiteren Verhandlung hilft. Wie eine Tante von mir einmal sagte: Mit schlechtem Gewissen lässt sich hervorragend arbeiten.

5.9.4 Die korrigierende Interpretation

Die korrigierende Interpretation ist eine Verwandte der sachlichen Umdeutung und funktioniert ähnlich. Diese Methode wird bei geringeren Störungen, weniger drastischen Angriffen eingesetzt sowie in Situationen, wenn es darum geht, das Gespräch auch inhaltlich schneller in eine andere Richtung zu führen.

Wieder besteht die Antwort aus zwei Teilen. Die Anwendung dieser Technik ist sehr ähnlich wie bei der sachlichen Umdeutung, nur der Einstieg in den Dialog unterscheidet sich: »Sie meinen ...« oder in Form einer Frage: »Meinen Sie ...?« Da eine Interpretation immer das Risiko des Irrtums in sich trägt, empfehle ich eher die Fragenvariante. Eine weitere funktionierende Form ist die Ich-Aussage. Dann lautet der Einstieg: »Was ich verstehe ...«, »Ich verstehe ...« oder »Was bei mir ankommt ...« Je nach Aussage wählen Sie jene Variante aus, die Ihnen am brauchbarsten für Ihr Kommunikationsziel erscheint.

Hier ein Beispiel: Ihr Gesprächspartner sagt »Das ist wirklich ermüdend ...«. Folgende Antworten sind möglich:

Mögliche Antwort	Was Sie damit bewirken
»Was ich verstehe, ist, dass es Ihnen zu langsam geht und für Sie langwierig ist.«	Im Gegenzug zur sachlichen Umdeutung bieten Sie hier eine Auseinandersetzung an, ohne eine Alternative bereitzustellen.
»Ich verstehe, es geht Ihnen zu langsam und Sie hätten es gerne schneller.«	Die direkteste Variante. Das kann sehr gut funktionieren, wenn Sie mit dem Ansprechpartner sonst synchronisiert sind. Ein klares »Ja« zu dieser Aussage würde Ihnen helfen, schneller weiterzukommen.
»Was bei mir ankommt: Es geht Ihnen zu langsam. Sie würden lieber eine andere Vorgehensweise bevorzugen.«	Diese Variante läuft mehr auf eine Selbstoffenbarung und das Angebot einer Alternative hinaus. Auch das kann positiv wirken. Sie sollten diese Variante aber nur einsetzen, wenn Sie recht sicher sind, dass Sie ein »Ja« auf Ihre Aussage erhalten.

Tab. 15: Beispiele für eine korrigierende Interpretation

5.9.5 Die Aufdecker-Methoden

Ein häufiges Phänomen in Verhandlungen ist, dass Sie mit unklaren oder diffusen Situationen konfrontiert sind. Klar, niemand legt die Karten offen auf den Tisch, das gehört dazu. Aber manchmal gibt es Situationen, in denen die Handlungen so unschlüssig sind, dass es keine Annäherung gibt, in welche Richtung die Verhandlungspartner verhandeln wollen. Das können unangemessene Claims sein, widersprüchliche Behauptungen, unangemessenes Verhalten Ihnen oder anderen gegenüber. Es kann aber auch sein, dass Sie etwas Wesentliches übersehen haben und deshalb nicht nachvollziehen können, was gerade geschieht.

»Da war noch etwas« – die Methode des Lieutenant Columbo

Eine dieser Methoden wurde durch den Schauspieler Peter Falk berühmt. Als Columbo[49] gab es in jeder Episode folgenden Moment: Der Hauptverdächtige, den Zuschauern meist schon als Täter bekannt, wurde von Columbo befragt. Das ergebnislose Verhör wurde beendet. Columbo begab sich in zerknittertem Trenchcoat und nicht minder zerknittertem Gesicht zu seinem Peugeot 403 und verabschiedete sich empathisch. »Eine hab' ich noch.« War dann die letzte Frage, mit der ihm die Entlarvung des Übeltäters gelang.

Die Methode besteht darin, sich unbefangen zu stellen, freundlich zu bleiben und in dem Moment, in dem sich der oder die Befragte sicher fühlt, nachzusetzen. Meist mit Fragen wie:

- »Was meinen Sie damit ...?«
- »Was ich nicht ganz verstehe, ist ...«
- »Jetzt bin ich ein wenig verwirrt ... Sagten Sie nicht, dass ...?«

Der Überraschungseffekt kann dann dazu führen, dass Sie die Antwort bekommen, nach der Sie suchen. Manche nennen das auch »sich dumm stellen«. Doch davon würde ich abraten. Nur weil Sie sich nicht auskennen, sind Sie ja nicht dumm. Dennoch ist es in Verhandlungen grundsätzlich besser, unter- als überschätzt zu werden.

Die Frage nach der Absicht

Ich komme nach einer längeren berufsbedingten Reise müde nach Hause. Die Fahrt war anstrengend, der Tag war anstrengend, die Woche war lang. An der Eingangstüre lasse ich einfach meine Sachen liegen und will meine Familie begrußen, da werde ich auch schon angeherrscht: »Kannst du deine Sachen nicht wegräumen?« Tief Luft holen, ausatmen, und bevor ich mich in eine synchrone Gesprächssituation begebe, also das Verhalten meiner Frau mit ebenso unfreundlichen Worten spiegle, erinnere ich mich daran, was ich gerade anderen versucht hatte, näher zu bringen: »Ich kenne mich nicht ganz aus ... Worum geht es dir jetzt wirklich?« Noch ein kleiner Nebensatz dazu: Achtung, der Ton macht die Musik. Freundlich und empathisch ausgesprochen wirkt das Wunder, in der falschen Tonlage kann das zur Explosion führen.

49 Die Serie wurde von 1968 bis 2003 produziert, insgesamt 69 Folgen. In der erste Serie mit Peter Falk 1973 führte Steven Spielberg, damals 24 Jahre alt, Regie.

Kurze Verblüffung in den Augen meiner Frau, dann die Antwort: »Ich habe mir den ganzen Tag Mühe gegeben, es für uns schön zu machen, und du bringst alles in Unordnung!« Ich nahm sie in die Arme, bedankte mich bei ihr, wie wunderschön sie alles vorbereitet hatte und wie unaufmerksam es von mir war, das nicht bemerkt zu haben. Es war alles wunderschön vorbereitet, Blumen standen im Foyer, aus der Küche duftete es verführerisch und ich hatte es nicht bemerkt. Wir hatten einen von vielen wunderbaren Abenden, es hätte auch in einem zermürbenden Streit enden können, diese Variante war die deutlich bessere.

»Worum geht es tatsächlich?« und Varianten dazu sind die Version 2.0 der Columbo-Technik und helfen in den Situationen, bei denen Verhalten und vermutete Absicht nicht zusammenpassen. Ich habe diese Technik auch in Verhandlungen häufig eingesetzt, wenn zum Beispiel der Tonfall aus meiner Sicht unangemessen aggressiv mir gegenüber wurde: »Mir ist nicht klar, worauf Sie hinauswollen?« hat schon oft geholfen, eine destruktive Dynamik einzufangen.

Die Konstruktion ist einfach: Es beginnt mit einer Selbstoffenbarung, die die eigene Verwirrung ausdrückt. Danach kommt eine Frage bzw. wird eine Fragestellung angedeutet, die immer auf die Absicht des anderen abzielt. Hier ein paar Varianten:

- »Ich bin jetzt verwirrt – Wie passt das mit dem zusammen, worüber wir gerade sprechen?«
- »Da kenne ich mich jetzt nicht aus – Worauf wollen Sie hinaus?«
- »Das erscheint mir unschlüssig – Wie hängt das mit den Punkten zusammen, in denen wir schon Einigkeit hatten?«
- »Jetzt fühle ich mich abgehängt – Wohin geht das jetzt?«
- »Sie sehen mich jetzt verwirrt – Helfen Sie mir, wo wollen Sie hin?«

Sie sehen, es gibt mehrere Varianten; wichtig ist immer die Zweiteilung:

1. Sie beginnt mit der Aussage zu ihrem momentanen Zustand, eine Form von Nichtauskennen oder Verwirrung.
2. Der zweite Teil ist eine finale Frage. Finale Fragen ergründen den Zweck, den die Person durch das Verhalten erreichen möchte.
   An der Stelle »Warum?« zu fragen, wäre keine gute Idee und würde kausal in die Vergangenheit führen. Das gibt möglicherweise Klarheit über den Auslöser, hilft Ihnen aber bezüglich der Absicht Ihres Verhandlungspartners nicht weiter.

Feedback

Auch in einer Verhandlung kann es zu Situationen kommen, in denen Sie Ihren Verhandlungspartnern Rückmeldung geben wollen, um den Gesprächsverlauf zu korrigieren. Das ist in dem Sinn auch eine »Aufdecker-Methode«, da damit Ihre Wahrnehmung und Beurteilung für die Vertreter der anderen Seite deutlich wird.

Vor einiger Zeit bat mich der Facheinkäufer eines Kunden zu einem Gespräch. Auf meine Frage nach dem Thema entgegnete er, es ginge wohl nochmals um Formalitäten, keine große Sache. Auf die Frage, ob es dann nicht auch per Telefon ginge, entgegnete er, er würde ein persönliches Treffen bevorzugen.

Ich hatte schon angenommen, dass es hier ziemlich sicher nicht nur um Formalitäten, sondern nochmals um eine Preisverhandlung gehen dürfte, auch wenn die kommerziellen Rahmenbedingungen bereits schriftlich fixiert waren. Ich erschien wie üblich fünf Minuten vor dem vereinbarten Zeitpunkt am vereinbarten Treffpunkt im Bürogebäude des Kunden und bereitete mich auch innerlich auf den Termin vor. Eine meiner Schwächen ist Sensibilität gegenüber Unhöflichkeit. Es kann mir passieren, dass ich die persönliche Höflichkeitskultur eines anderen als offensive mangelnde Wertschätzung interpretiere und in die Gerechtigkeitsfalle tappe. Daher immunisiere ich mich vorab bewusst vor Terminen, bei denen ich eine solche Situation erwarte.

Es kam auch so. 18 Minuten nach dem vereinbarten Termin und nach zwei erfolglosen Anrufen stand ich auf und wollte – innerlich deutlich verärgert – gehen. Als ob er das dieses Schauspiel versteckt beobachtet hatte, kam der Facheinkäufer lächelnd um die Ecke geschlendert und begrüßte mich überschwänglich freundlich mit einer epischen Erklärung, warum er zu spät war und dass es mir hoffentlich doch nichts ausmache. Ich lächelte ihn an und entschied mich, diese Verhandlung mit einer Attacke auf das schlechte Gewissen zu starten, denn einfach übergehen wollte ich die Situation nicht.

»Setzen Sie sich doch mal kurz her, wir haben ohnedies schon Zeitverzug, da halte ich es für wichtig, dass wir auch über diese Situation sprechen …« Mit diesen Worten setzte ich mich wieder an den Kaffeetisch im Wartebereich. Überrascht folgte er meiner Einladung und dann gab ich ihm folgendes Feedback: »Wir hatten ja den Termin gestern vereinbart …« Ich wartete auf ein nonverbales Zeichen der Zustimmung, erst als er nickte, fuhr ich fort: »… und dazu betonten Sie, wie wichtig es sei, dass wir uns persönlich sprechen. Nun habe ich 18 Minuten ohne Information auf Sie gewartet …« Wieder wartete ich ein kurzes Nicken ab. »… und das empfinde ich als keinen guten Umgang mit mir. Meine Bitte an Sie, lassen Sie unsere Termine so planen, dass sie in unsere beiden Kalender passen, und wenn etwas dazwischenkommt, informieren Sie mich bitte.« Die Reaktion war wie erwünscht. Das flapsige, nonchalante Hinweglächeln war einem betretenen Gesichtsausdruck gewichen.

Auch Feedback hat eine Struktur, die Ihnen hier vermutlich bereits bekannt vorkommt:

1. Steigen Sie mit einer objektiven Beschreibung der Ausgangssituation ein.
2. Fahren Sie mit einer weiteren objektiven Beschreibung der relevanten, beobachtbaren Vorgänge fort.
3. Benennen Sie die Wirkung, die das Verhalten auf Sie hatte. Wichtig ist hier eine Ich-Botschaft, sonst laufen Sie Gefahr, dem anderen eine Absicht zu unterstellen.

4. Wenn Sie das wollen, können Sie am Schluss noch einen Wunsch für die Zukunft aussprechen, in diesem Fall habe ich es getan.

Diese Struktur ist als die **Drei-W-Formel für Feedback** bekannt: Wahrnehmung – Wirkung – Wunsch, wobei ich Wahrnehmung hier nochmals in die Schritte auslösende Situation und konkretes Verhalten aufteile.

Diese Methode setze ich ein, um entweder positive Entwicklungen zu bestärken oder negative zu benennen. Vor allem wenn – aus meiner Sicht antiquierte – Einschüchterungstaktiken verwendet werden, hilft Feedback enorm. Die Klassiker sind nachteilige Sitzpositionen, gezielter Einsatz von Verspätungen, Einstieg mit enormen Druck oder sogar persönlichen Angriffen – für all diese Situationen hilft ein korrigierendes Feedback nach der Drei-W-Methode. Sie können natürlich Feedback wunderbar mit der finalen Frage kombinieren, das ist eine sehr mächtige Methode der Gesprächsführung für schwierige Situationen.

Vielleicht möchten Sie wissen, wie die Nachverhandlung mit dem Zuspätkommer weiter verlief: Wie erwartet kam der Angriff auf den gesetzten Preis, den ich wiederum freundlich und nonchalant abwehrte: »Ich finde es gut, dass wir nochmals über den Preis sprechen, ich habe tatsächlich an zwei Stellen zu günstig angeboten. Das könnten wir ja dann korrigieren, wenn Sie das Paket nochmals aufschnüren wollen.« Wir haben das Paket nicht wieder aufgemacht, es blieb beim alten Preis.

5.9.6 Die Vertagung

»Muss ich in einer Verhandlung immer bis zum Ende kommen? Brauche ich immer ein Ergebnis?« Diese Frage wird häufig gestellt. Eigentlich sind es zwei Fragen, daher gibt es auch zwei Antworten: Zur Frage nach dem Ergebnis: Ja! Sie brauchen immer ein Ergebnis im Sinne einer klaren Vereinbarung, wie es weiter geht.

Zum ersten Teil der Frage: Wir haben schon öfter von Verhandlungsserien gesprochen, die aus einzelnen Verhandlungsepisoden bestehen. In den meisten komplexen Verhandlungsthemen ist das Standard, weil zu viele unterschiedliche Teilthemen für übliche Verhandlungsphasen anstehen. Daher ist es durchaus üblich, dass nicht alle offenen Punkte ausdiskutiert werden können. Diese Tatsache wiederum verwende ich als Begründung und Ermutigung, bei festgefahrenen Situationen viel früher eine Vertagung anzustreben, als dies sonst der Fall ist.

Aber wie kommt es, dass Verhandlungsteams, die in einer scheinbar unlösbaren Situation verstrickt sind, immer weiter und weiter verhandeln und dabei meist nur mehr

Schleifen ziehen und die eigenen Argumente nur wiederholen, ohne eine Wirkung bei der anderen Seite zu erzielen?

Dieses Verhalten hat mit dem in Kapitel 4.6.3 beschriebenen **Konsistenzgesetz** von Robert Cialdini zu tun. Da man sich schon aufgemacht hat, die Verhandlung vorbereitet und begonnen hat und weil es auf der Agenda steht, versucht man das Thema konsistent durchzuboxen, obwohl es im Moment wenig Sinn zu ergeben scheint. Ein weiteres psychologisches Moment ist in diesem Zusammenhang die **»Sunk Cost Fallacy«**, die unter anderem ebenfalls von Daniel Kahneman, 2002 mit dem Nobelpreis ausgezeichnet, gemeinsam mit Amos Tversky ausführlich beschrieben wurde.[50]

Wann unterbrechen, wann weiter machen?
Aus meinen Erfahrungen mit versierten Verhandlungsteams und persönlichkeiten gibt es zwei Faktoren, die für eine Unterbrechung und/oder Vertagung sprechen: Das eine ist die Zeit, das andere sind erfolglose Wiederholungen.

Faktor 1: Der Zeitindikator
Für die meisten Verhandlungen wird ein bestimmter Zeitrahmen festgelegt. Ich habe gute Erfahrungen damit gemacht, neben den üblichen Reflexionsrunden jedenfalls einen Reminder nach ca. 75 % der anberaumten Zeit zu setzen, um den Fortschritt zu evaluieren und gegebenenfalls Anpassungen für das weitere Vorgehen einplanen zu können.

Neben der faktisch verfügbaren Zeit gibt es noch zusätzlich das Thema der Aufmerksamkeitsspanne. Vor allem bei umfangreichen Verhandlungen – ich spreche da nicht von Marathons aus dem politischen Umfeld – können schon mal mehrere Tage anberaumt sein. Bei solchen Verhandlungssettings muss man berücksichtigen, dass niemand 16 Stunden am Stück konzentriert und diszipliniert verhandeln kann. Wir haben das schon mehrfach ausgeführt: Verhandeln ist die komplexeste Kommunikationsform, gleichzeitig verfügen Menschen nur über eine bedingte Aufmerksamkeitsspanne, je nach Untersuchung 20 bis 30 Minuten,[51] wobei damit ein Zustand der völligen Konzentration gemeint ist.

Nun kann man über 20, 30 oder auch 45 Minuten diskutieren, was aber sicher ist: Kein Mensch schafft es, mehrere Stunden am Stück bei der Sache zu sein. Daher empfehle ich, alle 90 Minuten zumindest eine Pause und damit Unterbrechung von einigen Minu-

50 Amos Tversky und Daniel Kahneman: »Rational choice and the framing of decisions«. In: *The Journal of Business*. 59, 1986.

51 Malte Wöstmann, Björn Herrmann, Anna Wilsch und Jonas Obleser: »Neural alpha dynamics in younger and older listeners reflect acoustic challenges and predictive benefits« [Abstract]. In: *The Journal of Neuroscience*, 35, 1458 – 1467, Januar 2015.

ten einzuplanen. Das gibt bei verfahrenen Situationen die einfache Möglichkeit, eine Pause vorzuziehen und damit die Verhandlung zu unterbrechen. Jede Unterbrechung wird genutzt, um aufzustehen, sich zu bewegen, und damit kommt Bewegung in das System. Ich habe oft in solchen Situationen bemerkt, dass am Verhandlungstisch hartnäckige Gegner im lockeren Pausengespräch doch eine alternative Lösung gefunden haben, die sie dann weiter brachte.

Faktor 2: Der Wiederholungsindikator

Die Verhandlungsführerin der Gegenseite hatte nun zum vierten Mal ihr Argument wiederholt. Auf die vorgebrachten zusätzlichen Fakten der anderen Seite war sie in keiner Form eingegangen. Es war klar, dass es noch eine und noch eine Schleife geben würde. Es würde an ein Wunder grenzen, wenn Sie nicht auch solche Situationen erlebt haben. Wie ein Ringelspiel wechseln sich die Argumente der einen und der anderen Seite ab, eine Wiederholung nach der anderen, nichts Neues wird gesagt. Natürlich kann man auf Zermürbung setzen, doch mit einer qualitativen Verhandlung hat das nichts zu tun. Ich habe mir zur Regel gemacht: Wenn ein Argument oder eine Reihe von Argumenten drei Mal die Schleife zieht, gibt es zuerst ein Metakommentar, wenn das auch nichts nutzt, vertage ich.

Metakommentar als Kurskorrektur

Damit sind Kommentare zum Verlauf, nicht zum Inhalt gemeint. Einige Methoden, wie die Frage nach der Absicht, gehen auch über den konkreten Inhalt hinaus und zielen auf Absichten, Verlauf oder sonstige Ebenen. Der Metakommentar in einer solchen Situation könnte lauten: »Wir wiederholen unsere Argumente nun zum dritten Mal, ohne dass wir in der Frage … vorankommen. Wie wollen wir weiter machen?« Mit der offenen Frage an alle an der Verhandlung Beteiligten kann nochmals Bewegung in die Verhandlung kommen. Wenn das auch nichts nutzt, schlage ich eine Vertagung des Themas oder der Fragestellung vor.

Vertagung mit Auftrag – sonst droht Wiederholung

Wenn Sie entscheiden, eine Verhandlung an einem Punkt zu vertagen, ist eine Sache unerlässlich: Beide Seiten verpflichten sich, nochmals nach zusätzlichen Argumenten und nach alternativen Lösungsansätzen zu suchen, sonst gibt es keine Fortsetzung. Sollte man der Verlockung nachgeben, nur zu vertagen, erlebt man sehr häufig eine Wiederholung und hat damit den doppelten Schaden. Zeit verloren und Energie vergeudet.

Allerdings empfehle ich, diese verbindliche Vereinbarung ernst zu nehmen. Wenn es zum Folgetermin kommt und eine Seite nichts Neues einbringt, sollten Sie sofort die Verhandlung abbrechen, damit klar ist: Verhandeln ja, taktisch bluffen kommt jedoch nicht in Frage.

6 Verhandeln im Team

Fast alle komplexen Verhandlungen finden im Team statt, daher gilt das Gleiche wie im Sport: Individuelles Training ist die Voraussetzung, um im Spitzenteam spielen zu dürfen. Das Spitzenteam wiederum braucht eine gemeinsame Strategie, eine klare Aufteilung der Rollen und dann das Training der Spielzüge, damit der Ball im Match dort landet, wo er hingehört: ins Tor.

Ein weit verbreiteter Fehler ist die ausschließlich inhaltliche Vorbereitung auf Teamverhandlungen. Gemeinsam werden die Argumente gesammelt, Listen gewälzt, Charts erstellt, dann wird vielleicht noch darüber befunden, wer welche Inhalte präsentiert, aber das war es dann auch.

Manchmal werde ich gefragt, was für mich die größte Schwierigkeit im Verhandeln ist. Meine Antwort: Ein Vorstandsteam dazu zu bewegen, sich nicht nur inhaltlich, sondern auch strategisch, taktisch und methodisch auf eine Verhandlung vorzubereiten, und das bedeutet: üben! Ich kann das nachvollziehen. Man wird nicht einfach so Geschäftsführer, Vorstand oder Führungskraft. Die meisten haben tatsächlich umfangreiche Vorerfahrung und natürlich auch sehenswerte Verhandlungserfolge, sonst würden sie nicht dort sein, wo sie sind. Und doch, für jeden gibt es einen nächsten Level, eine Steigerungsstufe. Nirgends wird das so deutlich wie in der Teamverhandlung und noch einmal mehr, wenn sich Persönlichkeiten mit ausgeprägten Verhandlungsstärken darauf einlassen, diese zu vereinen.

6.1 Die Volleyball-Methode

6.1.1 Spielführung im Volleyball

Der typische Spielzug im Volleyball-Match sieht so aus: Die Angreifer versuchen, mittels Aufschlag oder scharfem Angriffsball, die gegnerische Verteidigung zu durchdringen. Wer immer dem Ball am Nächsten ist, hat die Aufgabe, den Angriff abzufangen und den Ball in der Luft zu halten. Der Nächste spielt den gerade abgefangenen Ball in Richtung Netz, damit der Angreifer seinerseits den Powerball spielen kann.

Ein Kunde im automotiven Bereich hatte anhaltende und ergebnislose Verhandlungen über die Zuteilung von Kosten, was die Logistikkosten betraf. Als ich zur Unterstützung angefragt wurde, lief man beim Lieferanten gegen Gummimatten. Tatsächlich gab es vertraglich eine Grauzone, so dass man sich nicht auf eindeutige Regulierungen beziehen konnte. Hier die verkürzte und vereinfachte Darstellung des Sachverhaltes: Der Lieferant hatte die logistische Manipulationsfläche seiner Auslieferungshalle knapp kalkuliert. Vertraglich war er jedoch verpflichtet, eine gewisse Varianz der Mengen zu liefern, allerdings war diese verpflichtende Flexibilität vor allem nach oben nie seitens des Kunden in Anspruch genommen worden. Nun zeigte sich ein erhöhter Bedarf an den zu liefernden Teilen, worauf der Lieferant den Anteil der Logistikkosten überproportional erhöhte. Die Erklärung war an sich schlüssig:

1. Ihr wollt mehr Menge.
2. Wir haben die Logistikflächen bereits ausgenutzt, mehr Volumen bedeutet progressive Steigerung der Kosten.
3. Also zahlt Ihr den Mehraufwand.

Endlose »Ja, aber«-Schleifen hatten zu keinem Ergebnis geführt. Die Beziehung war inzwischen sichtlich belastet und beide Seiten hatten sich in ihren Positionen eingemauert. Wir hatten daraufhin folgenden Verhandlungsspielzug vorbereitet und mehrfach eingeübt, hier nun in »Bühnenform« (K = Kunde 1 – 3, L = Lieferant 1 – 3):

L1: »Also, wir haben nun wirklich oft darüber gesprochen: Wir verstehen nicht, warum Sie eine ganz normale Funktionalität nicht akzeptieren. Sie verursachen den Mehraufwand durch Ihre Bestellung, also zahlen Sie den Mehraufwand.«
K1: (freundlich zugewandt) »Hm, also ich bin da etwas verwirrt ... das ist doch Ihre Lagerfläche .... das liegt doch in Ihrer Verantwortung ... Oder, K2?«
K2: (sachlich, ruhig) »Ganz richtig, K1, jeder ist für seine Prozesse verantwortlich. Das ist ein unstrittiges Prinzip, welches auch in Fall A und Fall B gleichermaßen gehandhabt wurde ...«

Nun sprang K3 wie eingeübt direkt ein:

K3: (freundlich, zugewandt) »Für uns ist nicht nachvollziehbar, wie Sie überhaupt auf die Idee kommen, hier nachzufordern. Lassen Sie uns das Thema nun beenden, wir haben ja noch weitere Punkte auf der Tagesordnung ...«

Diese eingespielte Triade – so nenne ich diesen Spielzug – war so überzeugend, dass der Lieferant tatsächlich einlenkte und man sich auf eine pragmatische Lösung einigen konnte. Schließlich wussten wir aufgrund unserer Vorbereitung, ab welcher Höhe der Widerstand nicht mehr aufgrund direkt sachlicher, sondern aufgrund von Kompetenzgrenzen gegeben war. Diese Eskalation wollte man auch auf Seiten des Kunden nicht provozieren.

6.1.2 Der Aufbau einer Triade in der Volleyball-Methode

Spielzug 1: Den Ball auffangen – Verwunderung zeigen

Damit in der Verhandlung kein typisches »Ja, aber«-Ping-Pong entsteht, bei dem sich meistens die zwei aktivsten Protagonisten der jeweiligen Verhandlungsseite in einer unfruchtbaren Polarisierung erden und außer schlechter Stimmung nichts entsteht, ist die erste Reaktion nicht Abwehr, sondern Verwunderung.

Wer immer diese Funktion einnimmt, zeigt sich freundlich verwirrt und drückt das auch aus. Etwas zögerlich – das verschafft auch Zeit – können Sie durchaus das Argument der Angreifer nochmals aufnehmen und, ohne bereits Fakten oder Gegenargumente zu liefern, wiederholen. Die emotionale Qualität Verwunderung importiert Zweifel und schwächt damit subtil die Aussage, dann geben Sie den Ball weiter, indem Sie direkt eine Frage an jene Person richten, die zu dieser Frage die fachlich kompetenteste Auskunft geben kann.

Spielzug 2: Den Ball zum Netz spielen – Fakten liefern
Die zweite Person nimmt den Ball dadurch auf, indem die vorhergehende Aussage bestätigt wird. Nun kommen Fakten, die den zuvor geäußerten Zweifel untermauern und sachlich absichern. Dabei wirken folgende sozialen Phänomene:

1. Eine Zustimmung ist immer eine Zustimmung, egal aus welcher Richtung sie kommt, und wirkt daher im gesamten System.
2. Eine Frage ist immer eine Frage. Auch Personen, denen sie nicht gestellt wurde, können sich zumindest kurzfristig ihrer Wirkung nicht entziehen.

Damit dieser Schritt wirkt, werden die Fakten auch als objektive Fakten »serviert«. Viele machen hier anfangs den Fehler zu meinen, das Argument durch einen aggressiven Tonfall oder eine besonders markige Präsentation zu stärken. Dabei ist das Einzige, was man durch Aggression stärkt, die Abwehr des Gegners.

Spielzug 3: Versenken – das Argument etablieren
Der Übergang zum dritten Spielzug erfolgt entweder wieder mit Übergabe – das kann vor allem zu Beginn einem noch nicht eingespielten Team den Abschluss der Triade erleichtern – oder mit direkter Übernahme. Sie erhöhen die Wirkung des Spielzugs, wenn das »Versenken« des Balls, also das Etablieren des Arguments, unverzüglich kommt.

Übergabe bedeutet wieder eine direkte Ansprache oder ein auffordernder Blickkontakt zur dritten Person, die dann den Abschluss der Triade bildet. Dieser fasst zusammen und fordert entweder zur Zustimmung auf oder appelliert, den logischen Folgeschritt einzuleiten. Ich bevorzuge die zweite Variante, da der nächste logische Schritt eine konkludente Zustimmung enthält und nicht so offensiv wirkt wie das Eingestehen, dass die eigene Forderung oder das eigene Argument fehlplatziert war.

In der folgenden Tabelle sehen Sie eine Vorbereitungsmatrix, die aus der Erfahrung mit zahlreichen Triaden entstanden ist. Sie können die drei Varianten kombinieren, ergänzen, durchmischen. Mit den Variablen oben haben Sie bereits 27 unterschiedliche Möglichkeiten, eine Triade darzustellen. Die wirksamsten Triaden sind diejenigen, die Sie selbst und Ihrem Stil entsprechend zusammenstellen. Viel Vergnügen!

Angriff	**1. Verwunderung**	**→ 2. Fakten**	**→ 3. Versenken**
Notieren Sie hier den typischen Angriff/Vorwurf	Zeigen Sie sich freundlich erstaunt, verwundert, verwirrt – je nachdem, was am passendsten ist.	Der Experte bestätigt den »Verwunderten« und liefert Fakten, die den Angriff ins Leere laufen lassen.	Der Versenker bestätigt den Faktenbringer und adressiert die Angreifer mit der Haltlosigkeit ihres Angriffs.
	• »Da bin ich jetzt erstaunt … Wir haben da doch andere Grundlagen.« • »Was sagst du dazu?«	• »Also … die überprüfte [Unterlage] verweist hier auf folgende Faktenlage …« • drei Top-Fakten anführen • mit einer Zusammenfassung enden, Handover mit Blickkontakt	**Achtung:** Direkt nach dem Punkt des Faktenbringers den Konter servieren: »Ihre Meinung basiert offensichtlich auf Fehlinformationen. Ich bin froh, dass wir das hier so schnell auflösen konnten, daher …« [Fazit/nächster Schritt]
	• »Das ist ein völlig neuer Aspekt …« • »N.N., könnten Sie dazu Stellung nehmen?«	• »Selbstverständlich, gerne.« • »Hier die überprüften und bestätigten Fakten. Ich führe mal exemplarisch drei auf …« • »Natürlich gibt es da noch viel mehr Fakten, die eine andere Sichtweise begründen.«	**Achtung:** Direkt nach dem Punkt des Faktenbringers den Konter servieren: »Vermutlich waren Ihnen diese Infos so nicht bekannt. Ich gehe davon aus, dass Sie daher …« [Fazit/nächster Schritt]
	• »Hm … also mir ist die Sachlage deutlich anders bekannt …« • »N.N., hast du dazu weitere Infos?«	• »Klar, gerne.« • ganz schnell drei Fakten aufzählen • »Das können Sie folgendem [Dokument] entnehmen.«	**Achtung:** Direkt nach Punkt des Faktenbringers den Konter servieren: »Damit ist klar, dass …« [Fazit/nächster Schritt]

Tab. 16: Vorbereitungsmatrix für die Durchführung einer Triade

"das wundert mit aber, wir hatten doch eine andere Vereinbarung getroffen...
"genau: die Faktenlage sieht auf Basis des Vertrags anders aus..."
"Wir können daher nicht nachvollziehen, wie Sie zu dieser Annahme kommen..."

6.2 Die Spieler im Verhandlungsteam

Typische Rollen in Verhandlungsteams sind Experten, Verhandlungsführer und Entscheider. Meistens werden diese Rollen nur funktional zugeordnet. Der Jurist spricht, wenn es um Juristisches geht, Techniker, wenn es technisch wird, und die Betriebswirte, wenn die kommerziellen Themen dran sind. Diese mechanistische Einteilung – wenn auch bequem und naheliegend – schwächt Ihr Team. Denn was zeigt die Praxis: Die meisten melden sich ab, wenn ihre Themen nicht dran sind, oder sind in ihren eigenen Vorbereitungen versunken, um sich nochmals für den eigenen Part abzusichern, anstatt aktiv die Mitglieder im Team zu unterstützen.

Statt einer inhaltlich und emotional unterstützenden gemeinschaftlichen Vorgehensweise verkommen solche Verhandlungen gerne zu einer isolierten Aneinanderreihung von Aussagen, die Verhandlungspartner auf der anderen Seite tun sich so wesentlich leichter, ihre Interessen als Gegner zu vertreten.

Neben der fachlichen Funktion gibt es in schlagkräftigen Verhandlungsteams aber auch koordinierende und gesprächssteuernde Funktionen. Wie das aussehen kann, habe ich bereits in der Volleyball-Methode ausgeführt.

In der folgenden Tabelle sehen Sie drei Rollen sowie deren Funktionen mit typischen Steuerungsmethoden und inhaltlichen Verantwortungsbereichen.

- Verhandlungsführer zur Moderation und Gesprächsleitung
- Experte(n) für die wesentlichen Themen, die in der Verhandlung relevant sind und die die eigenen Positionen inhaltlich untermauern
- Entscheider: Diese sollten jedenfalls nicht die Verhandlungsführer sein und eine Supervisionsrolle einnehmen können.

	Verhandlungsführer	**Experte (Der Experte sollte nicht Verhandlungsführer sein.)**	**Entscheider (Der Entscheider sollte nicht Verhandlungsführer sein.)**
Integrieren: Dafür sorgen, dass alle konstruktiv teilnehmen	• bringt eigene Leute ins Spiel • sorgt für gute Stimmung zwischen den Verhandlungspartnern • hebt Gemeinsamkeiten hervor • fasst Zwischenergebnisse zusammen	• sucht nach inhaltlichen Anknüpfungspunkten • stellt inhaltliche Brücken zu den Themen der Verhandlungspartner her	• unterstreicht die (hilfreichen) gemeinsamen Verhandlungsergebnisse • autorisiert den Experten

	Verhandlungsführer	Experte (Der Experte sollte nicht Verhandlungsführer sein.)	Entscheider (Der Entscheider sollte nicht Verhandlungsführer sein.)
Polarisieren: Dort wo Abgrenzungen nötig sind und der eigenen Strategie helfen	• unterstützt bei nötigen Beziehungskorrekturen • schlägt Vertagung oder Abbruch vor	• steht für die fachliche Führung • stellt Fehlinformationen richtig	• verweigert Zustimmung, wenn Abweichung vom Verhandlungsziel deutlich wird • ist derjenige, der die Verhandlung in Abstimmung mit dem Verhandlungsführer abbricht
Chunken: Wechsel von logischen und inhaltlichen Ebenen	• führt zum Thema zurück • setzt visuelle Hilfen ein (Flipchart, Entscheidungsmatrices etc.) • geht bei festgefahrenen Positionen in Metaposition • leitet Gespräch zu hilfreichen Fachdetails über Fragestellung an eigenen Experten	• verweist auf inhaltliche Autoritäten	• verweist auf gemeinsamen Nutzen bei Einigung • stellt Vision in den Raum

Tab. 17: Drei Rollen in der Verhandlung

6.3 Das eingespielte Team

Am 13. Juli 2014 stand Lionel Messi, zum sechsten Mal ausgezeichnet als weltbester Fußballspieler, der anerkannt beste und teuerste Spieler der Welt, vor der Tribüne am Ende des Finalspiels gegen Deutschland vor den Honoratioren, um den sportlichen Handschlag für den Vizeweltmeister zu empfangen. Verzweiflung, Enttäuschung und Fassungslosigkeit standen dem damals 24-Jährigen unübersehbar ins Gesicht geschrieben. Die Mannschaft mit den weltbesten Spielern und der kalkulatorisch höchsten Spielstärke hatte 0:1 verloren.

Was war geschehen: Das Zusammenspiel der deutschen Spieler war den individuellen Kapriolen der Argentinier deutlich überlegen. Obwohl es zu einzelnen Spitzenleistungen kam, siegte am Ende das raffinierte Zusammenspiel, was sich auch eindrucksvoll in der Statistik bei Eckbällen, Torschüssen und dem Ballbesitz zeigte.[52]

Dieses Prinzip lässt sich auf Verhandlungsteams eins zu eins übertragen, dennoch werden Verhandlungsteams immer noch häufig pro Thema zusammengestellt und kommen in ständig neuen Konstellationen zusammen. Vor allem in Organisationen, in denen kommerzielle Verhandlungen nicht als typischer Standard angesehen werden (obwohl sie es faktisch sind), werden Teams häufig aufgrund der fachlichen Zuständigkeit für Verhandlungen zusammengestellt, Verhandlungskompetenz im Zusammenspiel wird dabei weniger berücksichtigt.

Daher empfehle ich: Formieren Sie in Ihrem Verantwortungsbereich Grundteams für Verhandlungen, die eingespielt sind und die nötigen Experten in Ihr Team integrieren und wirksam ins (Verhandlungs-)Spiel bringen. So kann man eine kontinuierliche, eingespielte und gut trainierte Kompetenz aufbauen und für unterschiedliche Verhandlungsthemen nutzen.

Denn viele der Teamtechniken wie die Volleyball-Methode oder weitere, in diesem Buch nicht beschriebene Techniken wie Doppelpass, Kompetenzzuweisung etc. wirken wesentlich stärker, wenn sie eingeübt und damit souverän und authentisch eingesetzt werden.

52 Vgl. https://de.wikipedia.org/wiki/Finale_der_Fußball-Weltmeisterschaft_2014#Das_Spiel_in_Zahlen.

7 Kontakte und Netzwerk

»Schön, wieder mal mit Ihnen verhandeln zu dürfen!« Natürlich freute ich mich über diese Begrüßung, denn die letzte Verhandlung war durchaus komplex und inhaltlich kontrovers. Dennoch hatten wir ein für beide Seiten passendes Ergebnis gefunden.

In Kapitel 3.2 hatten wir darüber gesprochen, was ein gutes Ergebnis ausmacht. Offensichtlich war es uns in der vorhergehenden Verhandlung gelungen, nicht nur einen objektiven, sondern auch einen subjektiven Wert zu schaffen. Was hatten wir aus dieser Erfahrung gelernt: Wir waren in der Lage, aus einer schwierigen Situation heraus ein aufwendiges fachliches Thema zu lösen, einen Weg zu finden, der die Bedarfe aller Beteiligten zumindest ausreichend adressiert hatte und von allen als gut befunden wurde. So eine Erfahrung ist nicht nur kommerziell und fachlich ein Erfolg, sondern auch persönlich. Wir beide gingen in die neue Verhandlung, zuversichtlich, auch diesmal eine gemeinsame Lösung verhandeln zu können.

Je öfter Sie mit jemandem eine anspruchsvolle Situation erfolgreich meistern, umso stärker wirken sich die folgenden Vorteile aus:

1. Sie kennen die persönlichen Befindlichkeiten, Eigenheiten und Bedürfnisse Ihrer Verhandlungspartner bereits. Das Profiling wird für Sie deutlich weniger aufwendig und ist zuverlässiger.
2. Sie kennen das System, in dem die Verhandlung stattfindet. Die Gefahr, relevante, aber unbekannte Rahmenbedingungen, Regeln oder Voraussetzungen zu übersehen und dadurch zu missachten, wird geringer.
3. Sie können auf eine erfolgreiche Geschichte zurückblicken: Dadurch gibt es weniger Misstrauen und tendenziell etwas weniger Taktik. In jedem Fall aber gibt es eine größere Abweichungstoleranz, Konflikte lassen sich leichter lösen.

Unter dem Strich: Das Vertrauen zwischen Ihnen und Ihren Verhandlungspartnern ist wesentlich größer und bindender, was das Verhandlungsleben grundsätzlich leichter macht.

Überlegen Sie, wie viele ständige Verhandlungspartner Sie in Ihrem Geschäft haben. Wie häufig treffen Sie in Verhandlungen aufeinander? Wie viele Kontakte haben Sie jenseits von Verhandlungssituationen? In welchem Umfang nutzen Sie diese Kontakte gezielt, um Ihre Verhandlungspartner auch menschlich besser kennenzulernen? Alle diese Fragen geben Ihnen einen Aufschluss darüber, wie umfangreich und wie stabil Ihr Verhandlungsnetzwerk ist. Egal ob Sie auf der Verkaufs- oder Einkaufsseite stehen: In jedem Fall helfen Ihnen diese Informationen, Ihre Verhandlungsstrategie zielführender vorzubereiten und auszurichten.

Das ist für vertriebsorientierte Verhandler keine Neuigkeit, im Einkauf vieler Organisationen wird das **Netzwerkprinzip** noch kritisch gesehen. Um ja keine persönliche

Bindung herzustellen, wird versucht, den Beziehungsaufbau zu reduzieren oder zu erschweren. Entweder durch die nüchternen Verhandlungskammern, wie ich sie in der Einkaufsorganisation des Retail-Unternehmens in Kapitel 2.4.2 beschrieben habe, oder den gezielten Wechsel von Ansprechpartnern, um nur ja keine Beziehungsabhängigkeit entstehen zu lassen. Das lässt sich auch in sozialen Netzwerken wie LinkedIn erkennen: Einkaufsprofis sind deutlich weniger oder weniger ausführlich vertreten wie Sales- und Marketingprofis.

Dahinter steht die Angst oder das Misstrauen, dass offensichtlich Einkäufer den Biss verlieren könnten, wenn eine starke Beziehung zu den Vertriebspartnern etabliert ist. Bis zu einem gewissen Grad ist dieses Misstrauen nachvollziehbar, denn wie wichtig die Unabhängigkeit von der Beziehung für einen Top-Verhandler ist, werde ich noch in Kapitel 8 »Die Verhandlungspersönlichkeit« ausführlich behandeln, dennoch: Es ist keine gute Idee, auf die Vorteile, die ein Netzwerk bietet, zu verzichten, auch für den Einkauf nicht.

Netzwerke helfen in jedem Fall, rascher an wichtige Informationen heranzukommen, direkten Zugang zu den relevanten Personen zu finden und damit Ergebnisse mit einem hohen objektiven und sozialen Wert verhandeln zu können.

7.1 Der Aufbau eines wirksamen Verhandlungsnetzwerks

»... im Anschluss Netzwerken!« Eine Zeile, die Sie bei fast allen Veranstaltungen lesen können. Das ist das Angebot zur Steigerung der Attraktivität der Veranstaltung: die Aussicht, bei einer Tasse Kaffee oder bei einem Glas Wein das eigene Netzwerk ausweiten und stärken zu können. Aber was bedeutet es tatsächlich, ein wirksames Netzwerk zu haben? 30.000 Kontakte bei LinkedIn? Ebenso viele auf Xing? Drei Facebook-Profile mit jeweils 5.000 Freunden? Ein Adressbuch, in dem sich möglichst viele Entscheider tummeln?

Die **Wirksamkeit eines Netzwerks** definiert sich durch die Anzahl der für Sie relevanten und einflussreichen Persönlichkeiten, die Sie um einen Gefallen bitten können, der Ihnen mit großer Wahrscheinlichkeit auch gewährt wird. Netzwerkveranstaltungen können helfen, mit solchen Personen in Kontakt zu kommen, sind also Möglichkeiten für Ihre persönliche Kontaktakquise. Aber wie beim Vertrieb: Die Kontaktakquise ist noch kein Abschluss und daher ist das reine Kennenlernen für das wirksame Netzwerk nur in diesem eingeschränkten Sinn nützlich.

Was noch hinzukommt, ist der Zeitfaktor. Der Aufbau und die Pflege eines Netzwerks brauchen viel Zeit und Energie. Daher ist es wichtig, zu priorisieren. Welche Personen können mir helfen, meine Ziele zu erreichen? Wen sollte ich unterstützen? Wer ist für das, was ich vorhabe, relevant? Das sind jene Personen, die Sie am besten in Ihrem echten Netzwerk haben.

Berechnung und Bestechung?

Häufig höre ich an dieser Stelle den Einwand, dass diese Überlegungen ja berechnend seien. Ich stimme dann zu. Ja, das ist bis zu einem gewissen Grad berechnend. Wenn Sie allerdings der Argumentation zustimmen, dass Netzwerkaufbau und -pflege viel Zeit benötigen, dann bleibt nicht viel anderes übrig, als sich zu überlegen, mit wem es sich lohnt, eine Netzwerkverbindung einzugehen. Das ist der berechnende Teil.

Wie aber nun ein Netzwerk aufbauen? Es gibt viele Wege, das zu tun. Der für mich schlüssigste besteht darin, in das Netzwerk zu investieren. Das setzt die Bereitschaft voraus, in Vorleistung zu treten und dort, wo es Sinn macht, für einen Gefallen oder einen Mehrwert zur Verfügung zu stehen. Das kann aktive Unterstützung, das Herstellen einer Verbindung zu meinem Netzwerk, eine Information oder eine echte Leistung sein, die sich natürlich im Rahmen der Compliance-Grundregeln bewegen muss.

Damit ist sofort das Thema Bestechung im Raum. Wo ist die Grenze? Juristisch ist diese Frage mit Wertgrenzen geregelt. Moralisch? Schwer zu sagen. Vermutlich ist es eine Frage der Einstellung. Vorhin habe ich die faktischen Elemente angeführt, also Relevanz, Mehrwert, direkte Bedeutung in den Themenbereichen, in denen man unterwegs ist.

Es gibt auch eine Haltung zum Thema aktives Netzwerk, die mir wichtig ist. Jeder spricht von Team, Teamarbeit, Teameffizienz und Teamfähigkeit und wie wichtig diese Werte für eine funktionierende Organisation sind. Dem stimme ich vorbehaltlos zu. Wo aber ist die Abgrenzung zu einem Netzwerk? Für mich ist ein Netzwerk nichts anderes als ein übergeordnetes, ein nicht formelles Team.

Den (moralischen) Einwand der Berechnung kann ich mit meiner Bereitschaft zur Vorleistung entkräften. Ich persönlich bin bereit, drei Mal in Vorleistung zu gehen. Wird diese nicht angenommen, erhalte ich Signale der Abwehr, höre ich auf. Schließlich will ich mich auch nicht aufdrängen.

Wird meine Vorleistung zwar gnädig angenommen, aber nichts kommt zurück, höre ich ebenfalls auf, Unterstützung zu leisten, aus dem gleichen Grund. Ich will mich nicht aufdrängen, zudem lasse ich mich nicht ausnutzen. Mit dieser Haltung und zwei einfachen Grundregeln habe ich gute Erfahrungen gemacht, die ich gerne weitergebe:

1. Erst investieren, dann erst etwas erwarten (nicht fordern!).
2. Der Grundsatz: Maximal drei Mal in eine Richtung.

Wie Sie letztendlich Ihr Verhandlungsnetzwerk aufbauen, ist ganz klar eine persönliche Stilfrage. Die oben erwähnte Frage der Einstellung sowie des persönlichen Stils im Sinne von Authentizität ist erfolgsentscheidend. Die Frage, ob Sie überhaupt ein Netzwerk aufbauen wollen, ist eine andere: In jedem Fall kann ich Ihnen aus meiner Erfahrung eindeutig empfehlen, es zu tun.

7.2 Verhandeln vor der Verhandlung

Je komplexer und umfangreicher ein Verhandlungsthema, je mehr Personen beteiligt sind, umso mehr Wirkung hat das, was *vor* den eigentlichen Verhandlungen geschieht, auf die Verhandlung selbst. Ein typisches Beispiel dafür ist das politische Lobbying. Frühzeitig, im Vorfeld von Verhandlungen zu Gesetzen, finden umfangreiche Meetings und Veranstaltungen statt, um die Gesetzgeber mit Informationen zu versehen, die die jeweiligen Interessensgruppen so lancieren, dass sie die eigene Interessenslage unterstützen. Das kann direkt, über Medien und natürlich indirekt über einflussreiche Menschen eingesteuert werden.

Eine ganze Berufsgruppe hat sich in den letzten Jahrzehnten zunehmend formiert, einerlei ob sie Lobbyisten oder Influencer genannt werden. Ganz offensichtlich funktioniert dieses System.

7.2.1 Die Vorbereitung bei Bieterverfahren

Im etwas reduzierteren Spielfeld von Verhandlungen zwischen Unternehmen zeigt die im folgenden Beispiel vorgestellte Methode auch Wirkung: Im Zuge eines anstehenden Bieterverfahrens war klar, dass es eine Ausschreibung geben würde. Das ist vor allem für großvolumige Geschäftsfälle längst eine normale Vorgehensweise, in öffentlichkeitsnahen Unternehmen ist dies ohnehin eine Grundvoraussetzung. Im folgenden Beispiel hatten wir als Team einen der Anbieter begleitet.

Uns war klar, dass wir aufgrund der Premium-Positionierung und der damit verbundenen Preisgestaltung bei einem kostenorientierten Verfahren in einer kurzfristigen Betrachtungsweise einen objektiven Nachteil hatten. Aufgrund eingesetzter Technologie und hochwertigen Materialien sowie mit Produktionsstandorten, die sich hauptsächlich in dem Land befinden, in dem auch die Kundenorganisation ihre Headquarters hatte, war klar, dass man preislich mit einem Hersteller aus Niedriglohn-Ländern und den dort vorhandenen Regularien nicht mithalten konnte.

Das Kundensystem wiederum wurde aufgrund der Staatsnähe regelmäßig auf Wirtschaftlichkeit kontrolliert und stand darüber hinaus in der permanenten Beobachtung der Medien, was zu einer ständigen Erklärungs- und Rechtfertigungsnot für das Management führte.

Also wurde ein Kommunikationskonzept ausgearbeitet, das folgende Ziele hatte:

1. **Längerfristige Betrachtungsweise:** Aufgrund der Qualität war nachweisbar, dass es weniger Wartungs- und Korrektur- bzw. Reparaturaufwand bei den Gütern und Dienstleistungen des Lieferunternehmens gab.

2. **Total-Cost/Lifecycle-Betrachtung:** Auch wenn Lifecycle-Betrachtungen in diesem Business grundsätzlich Standard sind, stellt sich immer die Frage, was alles bei den Kosten berücksichtigt wird. Die alte Medienweisheit »Keep it simple« lässt sich bei komplexen Geschäften nicht immer einhalten.
3. **Betriebssicherheit durch Vor-Ort-Service:** Aufgrund der Größe des Anbieters im Kundenland mit Produktion, Engineering und Serviceeinheiten konnte direkte Nähe und rasche Reaktionszeiten zugesichert werden. Das war allerdings gleichzeitig ein Kostennachteil, denn uns war klar, dass die Mitbewerber die deutlich geringeren Service-Sätze ins Spiel bringen werden. Also war auch hier eine Total-Cost- und nicht eine Cost-per-Hour-Betrachtung nötig, um Wettbewerbsvorteile darstellen zu können.
4. **Umwegrentabilität und soziale Verantwortung im Heimatland:** Dieses Argument zieht natürlich besonders für die mediale Unterstützung, denn wenn das Kapital im Land bleibt, kommt dies in der Öffentlichkeit immer gut an.

Diese Kriterien als Bewertungsgrundlage für die Angebote mussten als entscheidungsrelevant verankert werden, bevor die Ausschreibung ausgearbeitet und der Beschaffungsprozess mit den dazugehörenden Bewertungskriterien definiert würde. So eine Übung gelingt nur, wenn man ein entsprechendes Netzwerk hat, über das sich die Kriterien wirksam verankern lassen, was schließlich auch gelang.

In der Verhandlung selbst wäre es viel zu spät gewesen. Selbst bei einer perfekten Argumentation und Präsentation der eigenen Argumente, einer idealen Storyline und der sachlichen Entkräftung aller potenzieller Einwände: Wenn das eigene Angebot nicht den Ausschreibungskriterien entspricht oder signifikante Nachteile aufweist, nützt die beste Verhandlungstaktik in den Verhandlungssequenzen wenig.

7.2.2 Bei einer Auktion kommt die Verhandlungsstrategie zu spät

Besonders gravierend wirkt sich dieses Prinzip bei Auktionsverfahren aus. Ich werde immer wieder gefragt, was man denn nun bei Auktionen verhandlungstechnisch machen kann. Meine lapidare Antwort: »Gut rechnen.«

Das stimmt natürlich in einer weiten Interpretation, denn wenn Sie wissen, wer an der Auktion teilnimmt, und die Strategie der Auktionsteilnehmer kennen, können Sie abschätzen, wie weit Ihre Mitbewerber vermutlich gehen werden. Solche Einschätzungen treffen wir meistens gemeinsam mit unseren Kunden, die Basis ist allerdings größtenteils Spekulation, die auf Jahresberichten, bekannten Projekten und Vorerfahrungen etc. beruht. Dabei kommt es auch immer wieder vor, dass sich ein großer Anbieter mit einem Kampfpreis in neue Projekte einkaufen möchte. Wenn dem Käufer in diesen Verfahren die Nachhaltigkeit nicht so wichtig ist, sondern momentane Gewinne im Fokus stehen, hat man als betriebswirtschaftlich gründlich kalkulierender Anbieter häufig keine Chance.

Auktionen sind daher Verfahren, bei denen es in der Vorbereitung auf eine klare Kalkulation ankommt, bis zu welchem Preis man bereit ist, noch anzubieten. Verhandlungstechnisch hängt es davon ab, in welchem Umfang nach der Auktion noch qualitative Gespräche stattfinden. Für diese gilt dann das, was ich vorhin ausgeführt habe. Es zählen dort diejenigen Kriterien, die im Zuge der Vorbereitung als relevant definiert wurden. Diese werden den Bietern bei der Einladung zur Ausschreibung häufig mitgegeben. Dass Ihre Präsentationen darauf konkret und deutlich Bezug nehmen sollten, versteht sich von selbst. Was Sie allerdings können: Nicht offensichtliche Vorteile, die Ihre Produkte und Dienstleistungen zusätzlich haben, diesen Kriterien zuzuordnen und sie – wenn möglich – kalkulatorisch zu untermauern.

7.2.3 Der getrennte Einkauf

Ähnliches wie bei der Auktion gilt für Einkaufsverfahren, bei denen die Fachabteilungen im Vorfeld Anbieter sowie deren Angebote als fachlich passend qualifizieren und im Anschluss der Einkauf diese Angebote nochmals nach rein kommerziellen Faktoren endverhandelt. Auch für diese Bieterverfahren gilt, was ich schon eingangs erwähnt habe. Nur wenn es Ihnen gelingt, über Lobbying und Einflussnahme vor Beginn der Verhandlungen jene Kriterien zu etablieren, die Ihnen Vorteile bringen, und Sie diese noch mit finanziellen Auswirkungen belegen, können Sie sich Vorteile erhandeln.

Aus meiner Erfahrung gibt es trotz aller Versuche, eine Objektivierung in der Preisfindung durch entsprechend strukturierte Einkaufsverfahren zu erlangen, noch Möglichkeiten, durch eine entsprechende Verhandlungsstrategie und Vorbereitung für die eigentliche Preisverhandlung mit verbesserten Ergebnissen aus solchen Verhandlungen zu gehen.

Alle diese Verfahren dienen nicht nur – wie oben beschrieben – der Objektivierung von Preiskalkulationen, sondern sie erhöhen auch den Druck auf die Anbieter, den bestmöglichen Preis zu erreichen. Was es nun ist – Objektivierung oder Druck –, werden Sie nur schwer in der Situation herausfinden. Meine Erfahrung hat mich gelehrt: Es ist immer beides. Daher ist die inhaltliche Vorbereitung ein absolutes Muss, die persönliche Vorbereitung hilft, die inhaltliche Vorbereitung schließlich wirksam umzusetzen.

In diesem Zusammenhang gibt es bei den Lieferanten eines internationalen Großkonzerns folgenden Leitsatz, der mit einem Augenzwinkern verbreitet wird: »Sagst du Ja, machst du Umsatz, sagst du Nein, machst du Gewinn.«

7.3 Vertrauen und Verhandeln

Eine Frage, deren Beantwortung nicht leichtfällt: Wie kann man in einer Verhandlung das Interesse verfolgen, das bestmögliche Ergebnis zu erzielen, und gleichzeitig Vertrauen aufbauen? Wie soll man alle Tools, Techniken und Tricks einsetzen, um sich Vorteile zu verschaffen und gleichzeitig einen Dialog auf Augenhöhe herstellen? Ist man als durchsetzungsstarker Verhandler automatisch weniger vertrauenswürdig?

Das Spiel definiert die Regeln

Verhandlungen sind mit sportlichen Wettkämpfen vergleichbar: Während es bei einer Rugby-Partie durchaus in Ordnung ist, den anderen anzurempeln, festzuhalten und physisch zu überwältigen, um den Ball hinter die Linie oder über die Stangen zu bringen, würde es nach dem Spiel eher eigenartig wirken, jemanden vom Buffet zu drängen, um rascher an Getränke und Speisen zu kommen.

Daher sind Verhandlungstechniken im Rahmen einer Verhandlung nicht nur O.K., sondern sie werden bis zu einem gewissen Grad erwartet, während die gleichen Strategien, wenn sie bei einem Kooperationsgespräch eingesetzt werden, schon als Manipulation gewertet werden können. Das bedeutet nicht, dass zum Beispiel Lügen, das gezielte Verzerren von Tatsachen oder vorwerfbares Verschweigen von relevanten Fakten erlaubt sind oder empfohlen werden. Ein versierter Verhandler wird sogenannte *dirty tricks* vielleicht nicht sofort aber sicher im Zuge der Verhandlungen aufdecken und damit ist das Vertrauen verspielt sowie die eigene Position geschwächt.

Damit ist klar: Auch in Verhandlungen braucht es eine vertrauensvolle Grundlage zwischen den Verhandlungspartnern!

7.3.1 Vertrauen – die Grundlage für Kooperation

Eine Untersuchung[53] von 120 randomisiert ausgewählten Leitbildern von Unternehmen unterschiedlicher Größe aus unterschiedlichen Branchen ergab folgendes Ranking der genannten Werte:

Leitbildwert	Nennungen	in Prozent
Vertrauen	113	94,17 %
Kundenorientierung	106	88,33 %

53 Bei sechs anonymisierten Google-Suchen zu den Begriffen »Unternehmenswerte«, »Leitbild« und »Unternehmenskultur« wurden jeweils die ersten 20 Treffer gewählt und Nennungen statistisch erhoben. Die Auswahl beschränkte sich auf deutsch formulierte Leitbilder.

Leitbildwert	Nennungen	in Prozent
Verantwortung	93	77,50 %
Sicherheit	91	75,83 %
Offenheit	87	72,50 %
Engagement	82	68,33 %
Nachhaltigkeit	78	65,00 %

Tab. 18: Ranking der Unternehmenswerte

Das bedeutet, dass der Wert »Vertrauen« offensichtlich einen sehr hohen, vielleicht den höchsten Stellenwert in Unternehmen hat. Höher noch als Kundenorientierung und Verantwortung. Auch wenn die konsequente Übernahme von Verantwortung zur Stärkung des Vertrauens beiträgt.

7.3.2 Vernunft oder Gefühl?

Diese Überlegungen führen automatisch zur Frage, was Vertrauen ist und wie es definiert wird. Zunächst ist Vertrauen eine subjektive Zuschreibung. Also eine besondere Qualität in der Beziehung zwischen Menschen, die dazu führt, dass man bereit ist, sich auf andere einzulassen und sich auf andere zu verlassen.

Auf die Frage, ob Vertrauen eine eher rationale oder emotionale Angelegenheit ist, wird eindeutig geantwortet. Nahezu alle, die wir dazu befragt haben, sagen, es sei eindeutig etwas Emotionales. Und das stimmt auch. Denn Vertrauen ist ein Gefühl, das wir in Bezug zu anderen entwickeln und das wir für ein soziales Leben dringend benötigen.

Stellen Sie sich vor, keiner würde Ihnen Vertrauen entgegenbringen. Damit meine ich nicht aktives Misstrauen, sondern einfach einen vorsichtigen, zurückhaltenden Umgang mit viele Absicherungsschleifen. Jeder, der mit Ihnen zu tun hat, will eine schriftliche Notiz über das, was Sie gesprochen haben. Jedes Wort wird mit Bedacht gewählt, um ja nichts Vertrauliches preiszugeben. Diese Verhaltensweisen werden vermutlich ein sehr starkes Gefühl der Distanz entstehen lassen.

Was aber noch schlimmer ist: Wie soll eine konstruktive Zusammenarbeit funktionieren, wenn keine Vertrauensgrundlage besteht, die man so beschreiben könnte: »Wenn ich mit dir zusammenarbeite, fühle ich mich sicher. Du wirst dich wie ich für unsere Aufgabe und unsere Ziele einsetzen. Wenn ich Hilfe benötige, wirst du mich unterstützen. Wenn ich bedroht werde, wirst du mir helfen, mich zu schützen.«

Vertrauen: Schmiermittel und Klebstoff
Ohne Vertrauen kann ein Miteinander nicht funktionieren. Egal ob in der Familie, mit Freunden oder im Unternehmen: Vertrauen ist der emotionale Nährboden, auf dem Gutes für alle entstehen kann. Vertrauen beschleunigt Kooperation – stellen Sie sich vor, Sie müssten alles gegenprüfen, schriftlich festhalten und in dicken Ordnern archivieren, egal ob in Papier oder am Computer in Bytes.

Und es ist klar: Vertrauen ist ein Gefühl. Wie Zuneigung, das Gefühl der Sicherheit, Liebe ... und Gefühle lassen sich nicht verordnen, auch nicht per Leitbild. Nur in Nordkorea wird per Gesetz verordnet, dass alle den großen Vorsitzenden lieben und verehren, es bleibt ein ungelöstes Geheimnis, ob es dort funktioniert, in westlichen Unternehmen wissen wir: Die Verordnung von Gefühlen funktioniert nicht.

7.3.3 Wie Vertrauen entsteht – die Struktur erfolgreicher Kontakte

Hochglanzprospekte und Fotos von Segelschiffen an den Wänden erinnern vielleicht daran, dass Vertrauen ein wichtiger Wert ist, aber leider reicht das nicht, um Vertrauen entstehen zu lassen.

Das Einzige, was den Vertrauenszuwachs unterstützt und begünstigt, sind erfolgreiche Kontakte. Das führt zur Frage, was das eigentlich ist. Erfolgreiche Kontakte zeichnen sich durch folgende Kriterien aus:

1. Alle Beteiligten finden, dass der Kontakt zu den anderen erfolgreich war. Man hat zum Beispiel gemeinsam etwas erreicht, was man allein nicht geschafft hätte.
2. Der Erfolg ist für alle relevant. Das bedeutet, alle haben einen Mehrwert dadurch erhalten.

Wir sind einen Schritt weiter gegangen und haben untersucht, ob erfolgreiche Kontakte so etwas wie eine gemeinsame Struktur haben, und konnten fünf Schritte definieren:

Schritt 1: Erst die Beziehung ...
Alle am Kontakt Beteiligten sind untereinander in Beziehung getreten. Das bedeutet, sie sind eine Beziehung von Mensch zu Mensch und nicht von Funktion zu Funktion eingegangen. Wenn also ein Verkäufer zum Kunden kommt, wird erst der Kontakt zwischen den Personen Frau Meister und Herrn Muster etabliert, bevor sie ihre Rolle als Käuferin und Verkäufer oder als Führungskraft und Mitarbeiter einnehmen.

Schritt 2: ... dann der Rahmen
Alle sorgen dafür, dass die Umgebung (= der Rahmen) dabei unterstützt, dass der Kontakt erfolgreich wird. Ein romantischer Abend im Stehbuffet wird vermutlich ebenso

wenig ein Erfolgsrezept darstellen wie ein vertrauliches Mitarbeitergespräch in einem hektischen Café, bei dem der Nachbar näher sitzt als Sie zu Ihrem Gesprächspartner. Auch der richtige Zeitpunkt ist wichtig. Es macht keinen Sinn, erfolgskritische Gespräche zwischen zwei anderen wichtigen Terminen hineinzuquetschen. Wir hatten den Fall, dass eine Führungskraft die Abstimmungsrunden in einem wichtigen Projekt immer in die Mittagszeit legte, um nicht gestört zu werden. Das führte dazu, dass die einen hungrig waren (da sie es gewohnt waren, mittags zu essen) und zwei Halbtagskräfte nervös wurden, weil sie die Kinder von der Schule abholen mussten. Diese Rahmenbedingungen wirkten sich sehr negativ auf die Ergebnisse aus und führten dazu, dass bei der gemeinsamen Reflexion die Kontakte als belastend und nicht als erfolgreich empfunden wurden.

Schritt 3: Erst jetzt der Inhalt ...

Wenn der Kontakt von Mensch zu Mensch etabliert ist und die Rahmenbedingungen den Zweck des Kontakts unterstützen, kommt der Inhalt dran, also das, worum es geht. Hier helfen drei einfache Regeln, damit Sie zu einem guten Ergebnis kommen und der Kontakt erfolgreich wird:

1. **Sammeln vor Bewerten:** Bevor Sie eine Entscheidung treffen oder Inhalte bewerten, sorgen Sie dafür, dass alle relevanten Informationen auf dem Tisch liegen. Einigen Sie sich auf die Beurteilungskriterien, *bevor* Sie beurteilen.
2. **Gemeinsames vor Trennendem:** Beginnen Sie Gespräche damit, dass Sie sich auf das konzentrieren, was Sie verbindet und eint, also auf die Themen, in denen Sie bereits Konsens haben. Das sind die inhaltlichen Fundamente, auf denen Sie aufbauen können. Wir haben als Moderatoren und Mediatoren oft Situationen erlebt, in denen es scheinbar nur Differenzen gab. Nachdem wir dann die Frage nach den Gemeinsamkeiten gestellt hatten, kam meist heraus, dass es oft nur um einige wenige Punkte mit Differenzen ging, während es Einigkeit in den überwiegenden Themenbereichen gab. Mit dieser Frage kamen wir oft rasch zu einer Einigung.
3. **Überblick vor Detail:** Ja, der Teufel liegt im Detail. Dieser Spruch hat aber eine doppelte Bedeutung. Denn wer gleich ins Detail geht, ohne den Überblick zu haben, wird tatsächlich rasch den Teufel finden. Und zwar in Form eines unnötigen Konfliktes. Stellen Sie zu Anfang sicher, dass alle Beteiligten einen Überblick über das Thema haben, bevor Sie sich auf die Details stürzen. Das hilft, um bei verhakten Situationen einen Ausweg zu finden und zum Beispiel andere Lösungen zu entwickeln, die für alle Beteiligten tragbar sind.

Gerade in Expertendiskussionen erleben wir häufig, dass bereits kurz nach Beginn alle Beteiligten mit steigendem Engagement und Ärger im Thema verloren gehen. Sie **bewerten die trennenden Details**. Zum Beispiel die Detailfrage, ob im CRM-Tool die Spalte X oder die Spalte Y wichtiger ist, anstatt sich zu überlegen, was die User mit dem Tool eigentlich machen wollen und worauf es ihnen bei der Nutzung ankommt.

Schritt 4: ... dann die Vereinbarung

Jeder erfolgreiche Kontakt endet mit einer verbindlichen Vereinbarung, in der festgehalten wird, wie es weiter geht. Davon ausgenommen sind reine soziale Kontakte, in denen es ums Wohlfühlen geht. Dieser soziale Aspekt soll nicht vernachlässigt werden, wir nehmen aber an, dass inhaltliche Termine eine höhere Priorität haben. Das inhaltliche Ende des erfolgreichen Kontakts ist das klare Bild, wer was bis zum nächsten Mal macht. Beim erfolgreichen Kontakt bedeutet das, nochmals den Kontakt zu den anderen herzustellen, zu betonen, dass man gemeinsam etwas erreicht hat und sich auf den nächsten Kontakt freut.

Schritt 5: Jeder Erfolg gehört gefeiert

Vermutlich haben Sie beim Lesen der fünf Schritte an eigene erfolgreiche Kontakte gedacht. Und sicher werden Sie weitgehend Parallelen festgestellt haben. Denn diese fünf Stufen sind beobachtete Wirklichkeit, die Analyse von zahlreichen erfolgreichen Kontakten und damit ein Rezept, wie Sie vorgehen können, um Vertrauen durch erfolgreiche Kontakte wachsen zu lassen.

7.3.4 Die Vertrauensformel

Wenn Sie nun alle Überlegungen zum Vertrauensbegriff zusammenfassen, ergibt sich daraus eine einfache, schein-mathematische Formel, mit der Sie die Funktion, wie Vertrauen entsteht (und verloren geht), darstellen können.

Die Qualität des Vertrauens ergibt sich aus der Anzahl der erfolgreichen Kontakte in einer Zeit, gebrochen durch den subjektiven Sicherheitsanspruch minus der Vertrauensbrüche hoch 3.

$$\text{Vertrauen} = \sum_{\text{Zeit}}^{\text{erfolgreiche Kontakte}} - \text{Vertrauensbrüche}^3$$

- Der Wert Vertrauen gibt an, wie weit und wie stark bzw. belastbar die Vertrauensbeziehung zwischen Menschen ist.
- Erfolgreiche Kontakte wurden oben definiert.
- Das subjektive Sicherheitsempfinden von Menschen ist unterschiedlich. Manche brauchen viele Wiederholungen von erfolgreichen Kontakten, anderen reichen ein paar Tage und ein paar Wiederholungen. Hier gilt: Je höher der subjektive Sicherheitsbedarf ist, umso länger dauert es, bis es eine stabile Vertrauensbasis gibt.
- Vertrauensbrüche heißen so, weil sie das Vertrauen tatsächlich brechen. Auch hier gilt: Was ein Vertrauensbruch ist und was nicht, wird subjektiv unterschiedlich empfunden. Wer allerdings mit Vorsatz Schaden für andere bewirkt oder aus egoistischen Motiven akzeptiert, dass andere im Vertrauensteam einen Schaden erleiden, darf sich nicht wundern, dass so etwas schwer zu kitten sein wird.

7.3.5 Der differenzierte Vertrauensbegriff

Die Abwesenheit von Vertrauen in einzelnen Bereichen bedeutet aber nicht notwendigerweise, dass die Beziehung an sich schlecht ist. Stellen Sie sich vor, Sie haben eine siebenjährige Tochter und vor der Haustür steht Ihr gerade neu gekauftes Auto. Würden Sie Ihrer Tochter das Auto zum Gebrauch überlassen? Vermutlich nicht. Was, wenn die Tochter gerade 18 geworden ist, den Führerschein vor drei Monaten gemacht hat und sich laut eigener Aussage allein im Straßenverkehr noch nicht wirklich sicher fühlt? Vermutlich wären Sie in beiden Fällen zurückhaltend, das Auto Ihrem Kind anzuvertrauen, obwohl die Beziehung sonst gut und vertrauensvoll ist.

Ein anderes Beispiel: Sie haben mehrfach gute Erfahrungen mit einem Installateur gemacht, der rasch und zuverlässig Ihr Bad und Ihre Küche mit allen Anschlüssen versehen hat. Also haben Sie zu dem Handwerker Vertrauen gefasst. Was aber, wenn nun bei Ihrem neuen Auto die Elektronik zu unerwünschten Phänomenen führt. Würden Sie dem Handwerker Ihr Auto zur Reparatur anvertrauen oder würden Sie zu einer zertifizierten Werkstatt gehen, die sich auf die Marke Ihres Fahrzeugs spezialisiert hat? Wohl Letzteres.

In den meisten Lebensbereichen unterscheiden wir genau, wem wir wobei und wie weit vertrauen können. Genau wie in den beiden genannten Beispielen. Das ist ein natürliches und kluges Vorgehen, denn in Unternehmen wird meistens nicht differenziert, sondern per Wertekatalog absolutes oder zumindest nicht genauer spezifiziertes Vertrauen von allen, die dort arbeiten, eingefordert.

Auf Verhandlungen übertragen bedeutet das: Stellen Sie sicher, dass die einzelnen Verhandlungsepisoden der Struktur erfolgreicher Kontakte entsprechen. Ungeachtet der Differenzen, die auftauchen können, gilt: Wenn Sie am Ende Wertschätzung für Ihre Verhandlungspartner zeigen und zuversichtlich auf den nächsten Termin, die nächste Verhandlungsepisode, verweisen, sichern Sie zumindest den subjektiven Wert und der ist es, der auf die Stärkung des nötigen Vertrauens zwischen Ihnen und Ihren Verhandlungspartnern einzahlt.

8 Die Verhandlungspersönlichkeit

Es macht einen Unterschied, ob Sie den Alfredo in Verdis »La Traviata« von Plácido Domingo hören oder von einem Laien-Tenor. Vermutlich werden Sie die Brillanz der stimmlichen Gestaltung, die Interpretation und die Bühnenpräsenz des professionellen Tenors deutlich mehr beeindrucken, obwohl beide dieselben Noten und denselben Text singen.

Genauso ist es beim Verhandeln. Derselbe Inhalt, dieselben Fakten können dargebracht von Verhandler A eine ganz andere Wirkung entfalten als von Verhandler B. Das hängt von mehreren Faktoren ab. Sicher spielen Funktion und Position eine Rolle. Selbst in wenig hierarchisch geprägten Unternehmenskulturen macht es einen Unterschied, ob ein Mitglied des Vorstands etwas sagt oder ein Absolvent, der gerade im Traineeprogramm seine ersten Arbeitserfahrungen sammelt.

Die Bedeutung der Botschaft wird zu großen Teilen durch den Sender definiert, sie lässt sich aber nicht allein auf die Bezeichnung am Türschild reduzieren. Stimme, Artikulation, Mimik, Taktung – alles Elemente, die in Kapitel 4.7 bei den Kommunikationskanälen schon erwähnt wurden – laden die einzelnen Verhandlungselemente auf und geben diesen eben mehr oder weniger Bedeutung. Denken Sie nur an das starke »Nein«. Auch da hängt es nicht vom Wort, sondern von Ihrer Präsentation ab, ob Sie die gewünschte Wirkung erzielen.

Die Zutaten, die eine starke Verhandlungspersönlichkeit ausmachen, sind vielfaltig und variantenreich. Daher habe ich mich auf jene Eigenschaften konzentriert, die gerade in Verhandlungen besondere Wirkung entfalten.

Die gute Nachricht: Alle Eigenschaften und Techniken sind erlernbar, egal welche Defizite jemand bei sich orten mag. Die etwas weniger gute Nachricht: Gerade persönlichkeitsbezogene Eigenschaften zu entwickeln und auszubauen braucht Zeit und jede Menge Disziplin.

8.1 Nobody is perfect

In einer meiner Keynotes gibt es bei folgender Szene regelmäßig nachdenkliches Lächeln. Ich kündige das wichtigste Werkzeug der persönlichen Entwicklung an, warte ein wenig und dann taucht ein kleiner, billiger Handspiegel auf, Preis inklusive Versand 3,90 Euro. Mit dem Handspiegel möchte ich aber nicht Nachhilfe in Narzissmus geben, sondern die Bereitschaft unterstreichen, ungeschminkt in den Spiegel zu schauen, die Bereitschaft zu reflektieren, um ein realistisches Bild zu eigenen Verhandlungsstärken und schwächen zu erhalten. Dieser Aufruf ist so bedeutungsvoll wie alt. Die Chilon von Sparta[54] zugeschriebene Weisheit, sich selbst zu erkennen, wurde am Apollotempel zu Delphi zum göttlichen Befehl erhoben.

Für professionelle Verhandler ist die Befolgung dieser Empfehlung ebenfalls die Grundlage, um sich kontinuierlich weiterzuentwickeln. Nun ist es mit der Persönlichkeitsentwicklung so eine Sache. Denken Sie mal an kleine persönliche Themen, die Sie schon lange begleiten, die Ihnen bekannt sind und die – zumindest bis heute – noch immer zuverlässige, aber unerwünschte Begleiter in Ihrem Leben sind. Bei mir ist es neben einigen anderen persönlichen Schwächen meine angeborene Bequemlichkeit. Jedes Mal, wenn ich vorhabe, etwas zu tun, was mir gut tut und mit Anstrengung verbunden ist, bin ich mit meiner natürlichen Faulheit konfrontiert, die ich je nach verfügbarer Energie mit Disziplin kompensieren kann, oder eben nicht. Die Kurzform, die ich dafür verwende: Ich bin naturfaul und notfleißig.

Im Verhandeln wiederum muss ich aufpassen, nicht in die Gerechtigkeitsfalle zu tappen und damit Ärger zuzulassen. Ich könnte die Liste meiner Unzulänglichkeiten noch weiter ausführen, will Sie aber damit nicht langweilen.

Ich will Ihnen Mut machen, Ihre eigenen Schwächen anzuerkennen, damit Sie diese auch managen können. Wenn man die eigenen Fallen kennt, kann man ihnen leichter ausweichen. Außerdem gibt es für manche Schwächen Workarounds, gut funktionierende Umwege, die auch zum gewünschten Effekt führen. So kompensiere ich meine situative Bequemlichkeit zum Beispiel mit Kalendereinträgen. Dieser Workaround funktioniert, da ich mich an meinen Kalender sklavisch halte, egal ob ich mag oder nicht.

Damit bin ich bei der wichtigsten Eigenschaft, die gleichzeitig jene ist, die am schwersten zu erlernen ist, ich arbeite selbst noch dran: die Souveränität.

54 Auch Cheilon von Lakedaimonien (ca. 550 v. Chr.) galt nach Platon als einer der sieben Weisen des antiken Griechenlands.

8.2 Souveränität in Verhandlungssituationen

Das hat sie souverän gemeistert. Das war eine souveräne Performance. Wie immer ein souveräner Auftritt ... Wie oft verwenden wir dieses Eigenschaftswort, um eine besonders reife Leistung anzuerkennen. Aber was bedeutet »souverän« eigentlich?

Superanus, die Quelle für das Wort *Souverän*, kommt aus dem Mittellateinischen und bedeutet »überlegen«, »darüber befindlich«. Deswegen wurden absolute Staatsoberhäupter auch »Souveräne« genannt. Die Semantik des Wortes hat sich weiterentwickelt und kann auch mit »völlige Unabhängigkeit« übersetzt werden, was ein Souverän im vorherigen Sinn auch ist.

Auf diese »völlige oder vollkommene Unabhängigkeit« kommt es in Verhandlungen an. Stellen Sie sich folgendes Szenario vor: Sie wissen, dass Ihr Leistungsangebot das beste ist und Sie im Bieterverfahren die Nase vorne haben. Die derzeitige finanzielle Situation Ihres Unternehmens ist jedoch angespannt und es ist nahezu überlebensnotwendig, dass Sie diesen Auftrag erhalten.

Wenn es nun in die harte letzte Runde der Preisverhandlungen geht ... Was werden Sie tun? Werden Sie nachgeben, um das Geschäft in jedem Fall zu bekommen? Können Sie sich freidenken und der ursprünglichen Verhandlungslinie folgen? Bleiben Sie in der Sache sicher oder lassen Sie sich aufgrund der Rahmenbedingungen verunsichern?

Das sind sicher keine leichten Fragen. Auch wenn man nie wissen wird, wie die Verhandlungsalternative ausgegangen wäre, für die man sich nicht entschieden hat. Wenn Sie aufgrund der eigenen wirtschaftlichen Situation und der damit verbundenen angenommenen oder tatsächlichen Notwendigkeit, das Geschäft abzuschließen, nochmals einen Preisnachlass gegeben haben, dann ist Folgendes geschehen: Der Preisnachlass erfolgte nicht aufgrund einer unabhängigen sachlichen Einschätzung, was das eigene Leistungsangebot tatsächlich **für den Kunden** wert ist, sondern aufgrund der subjektiven Bewertung **des eigenen Risikos**, welches mit der Sachfrage nichts zu tun hat.

Das Prinzip der Unabhängigkeit

Sind Sie, wenn Sie auf der Verkäuferseite stehen, in der Lage, sich von allem, was nichts mit dem Wert des Angebots für den Kunden zu tun hat, freizudenken?

Und wenn Sie auf der Einkäuferseite sind: Sind Sie in der Lage, sich von allen Einflüssen freizudenken, die nichts mit dem objektiven Wert des Angebots zu tun haben, also für das, was sachlich und faktisch für Ihren Unternehmenszweck benötigt wird?

Wenn Ihre Antwort in beiden Fällen ein eindeutiges »Ja« ist, gratuliere ich Ihnen, denn dann haben Sie die schwierigste Hürde, die es für Verhandlungspersönlichkeiten gibt, genommen.

8.3 Die polaren Fähigkeiten

Ambidextrie wurde 1976 als Begriff in den Organisationswissenschaften eingeführt und bedeutet nichts anderes als Beidhändigkeit. In Organisationen bedeutet es, effizient, strukturiert und zuverlässig zu arbeiten und gleichzeitig flexibel und offen für Anpassungen zu sein. Ein typisches Beispiel in der automotiven Industrie ist die Optimierung von Verbrennungsantrieben und das Vorantreiben der Serienproduktion, während man sich gleichzeitig mit innovativen Mobilitätskonzepten auseinandersetzt.

Lange Zeit galt in der Strategie der Grundsatz: »The man who chases two rabbits, catches none!« Wer zwei Ziele verfolgt, wird keines erreichen. Diese Regel ist aber im Sinn einer nachhaltigen Unternehmensentwicklung längst überholt. Auch im Verhandeln gibt es dieses Phänomen der Ambidextrie in einer verwandten Bedeutung. Vorhin haben wir von Stärken und Schwächen der Verhandlungspersönlichkeit gesprochen und als einen der wichtigsten Elemente die Fähigkeit, unabhängig zu denken und zu entscheiden, definiert. Was aber würde geschehen, wenn jemand ausschließlich unabhängig entscheidet? Wie funktioniert unabhängiger Vertrauensaufbau? Wie passt Unabhängigkeit mit Loyalität zu einem Unternehmen, wie mit der Identifikation mit Unternehmenszielen zusammen?

Das **Managen von ambidextrischen Fähigkeiten**, die zum Teil sogar widersprüchlich sind, gehört zu den großen Herausforderungen einer souveränen, starken Verhandlungspersönlichkeit.

8.3.1 Personenbezogenes vs. beziehungsunabhängiges Handeln

Viele Kapitel in diesem Buch beziehen sich auf das Herstellen und Vertiefen von Beziehungen, auf den Aufbau von Vertrauen und das empathische Verstehen, wie es Verhandlungspartnern in unterschiedlichen Situationen geht. Diese Fähigkeit hilft Ihnen, die Bedürfnisse Ihrer Verhandlungspartner zu verstehen, sich auf diese auszurichten und sie zu adressieren. Durchsetzungsstärke bedeutet eben nicht, sich über andere hinweg zu setzen, sondern dafür zu sorgen, dass die eigenen Interessen optimal in eine stabile und damit nachhaltige Vereinbarung einfließen.

Da wir nicht mit Computern, sondern mit Menschen verhandeln, ist die Fähigkeit, Menschen zu verstehen und auf sie eingehen zu können, eine Grundvoraussetzung. So stellen Sie eine belastbare Beziehung zu den Verhandlungspartnern her, was unter anderem das Managen von wahrscheinlichen und teilweise unvermeidbaren Konflikten deutlich erleichtert. Nun gibt es Menschen, die dadurch in ein Dilemma geraten. Aufgrund der etablierten Beziehung fällt es ihnen schwer, Nein zu sagen. Es fällt ihnen schwer, in einem guten Kontakt zu bleiben und eine andere Position zu vertreten.

Ich habe oft erlebt, dass Verhandler, die diese Ambidextrie nicht beherrschen, sich negativ emotional aufladen müssen, um eine Gegenposition wirksam einnehmen zu können. Oder in anderen Worten: Sie müssen aufhören, den anderen als Verhandlungspartner zu sehen, und beginnen, diesen als Gegner, als Feind zu betrachten, damit sie Widerstandsenergie aufbringen können.

Aus einer persönlichen Schwäche wird so eine unnötige Konfliktsituation. Um diese Polarität in den Griff zu bekommen, hilft Souveränität im Sinne von Unabhängigkeit. So schafft man beides gemeinsam: Personenbezogen eine unterschiedliche Position auch linear zu vertreten und gleichzeitig in einer guten Beziehung zu den Verhandlungspartnern zu bleiben.

Das ist der Hintergrund zwischen dem von Roger Fisher und William Ury beschriebenen Prinzip »Linear in der Sache, empathisch zur Person«.[55]

8.3.2 Harmonie vs. Konfliktbereitschaft

Folgenden Leitspruch für Verhandlungen schätze ich sehr, da er ein wichtiges Prinzip einfach und klar auf den Punkt bringt: »Zustimmung geht mit Stimmung leichter!« Im Wort Zustimmung findet sich auch das Wort Stimmung, und jeder wird zustimmen, dass es in einer guten, harmonischen Gesprächsstimmung deutlich leichter fällt, ein sachliches Argument zumindest objektiv anzunehmen, als in einer feindlichen, angespannten Stimmung.

Wer in einer feindlichen Atmosphäre zustimmt, tut dies nur, wenn es gar nicht anders geht. Denn damit ist subjektiver Verlust oder eine persönliche Niederlage verbunden. Und dagegen wehren sich alle Menschen. Denken Sie nur, wie schwer es für viele selbst in einer entspannten, angenehmen Situation ist, einen Fehler oder einen Irrtum einzugestehen. Aus diesem Grund ist das Verstehen und Herstellen von harmonischen

55 Roger Fisher und William Ury: *Getting to Yes: Negotiating an agreement without giving in*, Random House Business Verlag, 3. Aufl. 2011.

Gesprächssituationen, das Deeskalieren und Managen von Konflikten eine wichtige Fähigkeit für durchsetzungsstarke Verhandler.

In Kapitel 2.1.2 wurden anhand des Riemann-Thomann-Modells typische Grundformen von Bedürfnissen beschrieben. Distanz und Nähe stehen einander mit hohem Konfliktpotenzial gegenüber. Typische Nähe-Menschen zitieren gerne nur die erste Hälfte des Bertolt Brecht zugeschriebenen Zitats: »Stell Dir vor, es ist Krieg und keiner geht hin ...« und versuchen, Konflikte eher zu vermeiden.

Nun kann man etwas, was ist und in das man verwickelt ist, nicht vermeiden. Um dieses Gesetz deutlich zu machen: Stellen Sie sich vor, Sie haben Zahnweh – das können Sie auch nicht vermeiden. Sie werden zum Zahnarzt gehen müssen. Wer einen Konflikt hat, kann diesen auch nicht vermeiden, ohne zu riskieren, dass sich die ganze Sache ohne Berücksichtigung der eigenen Interessen entwickelt. Denn der Spruch Brechts geht weiter: »...dann kommt der Krieg zu Dir nach Hause!«

Das zweite ambidextrische Fähigkeitenpaar besteht aus der Gabe, harmonische Situationen herzustellen und – wieder souverän – Konflikte direkt anzusprechen und zu lösen.

8.3.3 Die Kunst, planvoll flexibel zu sein

2014 wurde das Wort eines österreichischen Ministers zum Wort des Jahres gewählt. Der Verteidigungs-, Sport-, Infrastruktur- und Verkehrsminister Gerald Klug prägte für die erratische Präsenz seines Kanzlers das Wort »situationselastisch«.

Damit ist ein Dilemma unschön beschrieben, das jeder professionelle Verhandler managen muss. Zum einen benötigen Sie einen Plan mit einem Ziel sowie alternativen Zielen und Wegen, dieses zu erreichen. Zum anderen können im Laufe von Verhandlungen unvorhersehbare und unbekannte Ereignisse die Verfolgung des Plans zunichte machen. Was es jetzt braucht, ist aber kein erratischer und opportunistischer Aktionismus, der meist nichts bringt, außer Vertrauen situationselastisch zu zerstören, sondern die Fähigkeit, angemessen zu reagieren.

Hier helfen die agilen Prinzipien, wie sie 2001 von 16 Ikonen der Softwareentwicklung unter dem Titel »Agiles Manifest« formuliert wurden.[56] Damit wurde eine neue Ära des Projektmanagements eingeleitet, die längst nicht nur in der Softwareentwicklung eingesetzt wird, sondern in all jenen Bereichen, in denen zu viele unbekannte Größen

56 Vgl. https://agilemanifesto.org/.

eine definierte End-to-End-Planung absurd erscheinen lassen. Daher versucht man, die einzelnen Etappen in definierten Zeitabständen zu organisieren, so dass sich prognostische Unschärfen in Grenzen halten.

Aus diesem Grund empfehle ich allen Verhandlungsprofis, sich intensiv mit dem Agilen Manifest auseinanderzusetzen. Die Qualifikation zum Scrum-Master[57] ist vielleicht auf den ersten Blick nicht das, was man als Fortbildung für durchsetzungsstarkes Verhandeln wählen würde, dennoch möchte ich dies allen empfehlen, die die Planung und Vorbereitung sowie eine strukturierte Methode für die Gestaltung von Verhandlungsserien anstreben. Die Argumentation ist dabei so einfach wie schlüssig: Wenn Verlauf und Ergebnis einer Verhandlung bis zum Ende planbar wären, braucht es keine Verhandlung mehr.

8.4 Das Commitment zur kontinuierlichen Übung

In meinen Projekten und Coachings habe ich einen Begriff etabliert, der die Fähigkeit beschreibt, durchsetzungsstark zu verhandeln. Ich spreche von **Verhandlungsfitness.** Was hat es mit Fitness auf sich? Wenn sich jemand am Zustand körperlicher Fitness erfreuen kann, dann deswegen, weil diese Person kontinuierlich etwas für die eigene Fitness macht. Dreimal die Woche eine Stunde laufen, jeden Morgen 30 Minuten Yoga oder ein genutztes Abo für das Fitness-Studio. Wer aufhört zu üben, verliert die eigene Fitness. Nicht gleich. Nicht nach einer Woche oder einem Monat, sondern schleichend. Bei der Verhandlungsfitness ist es ebenso. Bestimmte Fähigkeiten brauchen kontinuierliche Übung, um sie fit zu halten.

So kam ich auch zur Bezeichnung »Next Level«, denn es gibt immer einen nächsten Level der Kompetenz, egal wo man gerade steht. Damit der nächste Level allerdings nicht eine Stufe unter dem Status quo, sondern darüber ist, braucht es die kontinuierliche Auseinandersetzung mit dem Thema und mit den eigenen Themen. Während die analytischen Bereiche Strategie und Planung rasch wieder in Erinnerung sind, dauert es schon etwas länger, eingerostete Gesprächsführungstechniken wieder situativ wirksam einzusetzen.

Die Verhandlungspersönlichkeit und alles, was dazu gehört, lässt sich nicht von heute auf morgen entwickeln, daher meine Empfehlung: Schaffen Sie sich eine Routine, die Sie dabei unterstützt, Sie, Ihre Souveränität und die Weise, wie Sie Verhandlungstools anwenden, kontinuierlich weiterzuentwickeln. Nur wenige Fähigkeiten lassen sich so vielfältig einsetzen wie diese.

57 Vgl. https://www.scrum.org/.

Unanbhängig
Harmonie schaffend
Flexibel
Strukturiert
Souverän
Konfliktbereit
Personenbezogen

9 Nach der Verhandlung ist vor der Verhandlung

Der Sack ist zu, alle offenen Punkte sind abgehandelt und das Einzige, was noch fehlt, ist die Unterschrift unter dem Vertrag. Wenn alles gut gelaufen ist, sieht man reihum fröhliche, entspannte und meistens auch erleichterte Gesichter: Eine Vereinbarung ist zustande gekommen. Spätestens jetzt ist allen klar, dass alle, die an den einzelnen Stationen der Verhandlung teilgenommen haben, nicht nur etwas zu gewinnen, sondern auch zu verlieren hatten. Aber: Nicht alles lässt sich beschreiben, nicht alles lässt sich in Verträge gießen und nicht alles ist vorhersehbar.

Verlasse den Raum nie ohne Vereinbarung

Daher gibt es eine Grundregel: Wann immer eine Verhandlungsepisode endet, sorgen Sie für eine Vereinbarung, in der festgelegt ist, wie es weiter geht. Beim Vertragsabschluss, dem offiziellen Verhandlungsende, ist es klar, denn da gibt es in jedem Fall Unterschriften auf dem Papier. Bei komplexeren Themen wird meistens auch daran gedacht, wie man mit zukünftigen Abweichungen umgehen will. Meine Empfehlung ist, dies als Standard aufzunehmen, denn ein kleines persönliches Beispiel am Ende des Buchs zeigt, dass es fast unvermeidbar zu Abweichungen von der geschlossenen Vereinbarung kommen wird. Das wiederum bedeutet, dass das Verhandeln weiter geht.

Feiern muss sein

Trotz allem – jede Vereinbarung ist ein Erfolg und Erfolge gehören nicht nur inhaltlich und formell, sondern auch emotional dokumentiert. Denken Sie nochmals an die Struktur der erfolgreichen Kontakte. Der positive Abschluss, die Bestärkung der Beziehung im Bewusstsein, gemeinsam zumindest einen Schritt weiter gekommen zu sein, lässt sich auf angenehme Weise gestalten. Am besten mit einer kleinen Feier, einem gemeinsamen Essen oder einen sonstigen feierlichen Abschluss, der außerhalb der Verhandlungs- und Arbeitsstätten stattfinden sollte.

Objektiver und subjektiver Wert

Denn alle, die an einer Verhandlung teilgenommen haben, ziehen am Ende eine persönliche Bilanz. Die typischen Fragen sind zwar auch: Habe ich erreicht, was ich erreichen wollte? Habe ich Chancen ungenutzt gelassen? Habe ich etwas übersehen? Bedeutender sind jedoch Fragen wie: Wie ist man mit mir umgegangen? War ich auf Augenhöhe? Hat man mich über den Tisch gezogen? Wurde ich ausgenutzt? Diese Fragen führen zu einer emotionalen Reflexion, die den subjektiven Wert der Verhandlung deutlich macht.

Darin besteht das eigentliche Ende der Verhandlung.

Zum Abschluss

In der Zeit, als dieses Buch entstand, hatten meine Frau und ich wie viele in Corona-Zeiten die Gelegenheit genutzt, um längst nötige Umbauten bzw. Renovierungsarbeiten an unserem Haus vorzunehmen. Ein größeres Renovierungsprojekt war dabei, wobei wir einen Generalunternehmer für alle Arbeiten beauftragt hatten.

Dieser war froh, ein spannendes Projekt annehmen zu können, und so wurde eine ausführliche und detaillierte Projektbeschreibung als Vertragsgrundlage unterzeichnet. Ausführlich und detailliert, aber nicht allumfassend, wie sich wenig später herausstellen sollte.

Vielleicht kennen Sie den Film »Geschenkt ist noch zu teuer«, in dem ein junges Paar ein altes Haus kauft und beinahe an den unvorhersehbaren Katastrophen der Renovierung scheitert. Als ein Unglück nach dem anderen über sie hereinbrach, sahen meine Frau und ich uns nur leicht gelangweilt an und lächelten. Wir hätten noch ein paar Kapitel beisteuern können.

Es war also zu erwarten, dass trotz der genauen schriftlichen Vereinbarung schon in der ersten Woche unser Generalunternehmer mit Wünschen nach Anpassung, Reduktion, Erweiterung auf uns zukam. Ein historisches Gebäude ist nunmal kein Reihenhaus, daher gehen wir diese Gespräche nicht mit einer sturen »Vertrag ist Vertrag«-Haltung an, sondern suchen im Dialog nach Lösungen, die für beide Seiten tragbar sind, natürlich nutzen wir die Situation, dass wir von einer bestehenden Vereinbarung abweichen.

Dass diese Gespräche entspannt laufen, hat mit der Vorgeschichte zu tun. Wir haben (fast) alles berücksichtigt, was Sie bisher in diesem Buch gelesen haben. Besonders die Einsicht, dass nach der Verhandlung weitere Nachverhandlungen unvermeidbar folgen werden.

Nicht nur, wenn die Ausführung in den eigenen Mauern stattfindet und man mit den unerwünschten Nebenwirkungen demotivierter Leistungserbringung unvermittelt konfrontiert wird, braucht es die Souveränität, freundliche Abgrenzungen gegen unbegründete Nachverhandlungen einzusetzen, und die Klugheit, dort großzügig zu sein, wo es angebracht ist. Das gilt auch und besonders für Verhandlungen in und für das Unternehmen, für das man sich einsetzt.

Großzügigkeit bedeutet in diesem Sinn nicht die Ausrede, »einfach mal nachzugeben«, weil es leichter ist, sondern es bedeutet, gezielt die Hand zu reichen, wo es aus eigener Einschätzung angebracht ist, um die Kooperation zu fördern und wiederum Leistungen bzw. Leistungsbereitschaft zu fordern, die auf der eigenen Seite nicht vorhersehbar waren.

Der Kreislauf beginnt wieder von Neuem, vielleicht nicht im ganz großen Setting, aber dafür an vielen unterschiedlichen Orten und Gelegenheiten.

Ich selbst habe nur selten Verhandlungen erlebt, die tatsächlich mit dem Vertragsabschluss komplett beendet waren. Fast immer gab es im Nachgang noch Anpassungen, Ergänzungen und Erweiterungen. Und häufig, vor allem im täglichen Business, saßen sich zumindest einige Personen der vorangegangenen Verhandlung bei einem weiteren Thema wieder gegenüber.

Man begegnet einander tatsächlich mehrmals im Leben, nicht nur in Wien oder anderen kleinen Dörfern.

Danke

Auf dem Weg zu meinem heutigen Verhandlungslevel haben mich viele Menschen unterstützt. Sei es als Verhandlungspartner, auf der anderen Seite stehend und eigene Anliegen vertretend, sei es als Lehrmeister Schulter an Schulter mit mir die gleiche Seite vertretend, sei es als Trainer oder Coach in den zahlreichen Kursen, die ich besucht habe und weiter besuchen werde.

Diesen Menschen danke ich von ganzem Herzen, denn ohne sie wäre dieses Buch nicht möglich gewesen.

Gunhard Keil

Kohfidisch, im August 2021

Stichwortverzeichnis

Der Autor

Gunhard Keil ist Mediator, Unternehmensberater, professional Keynote Speaker und zertifizierter Aufsichtsrat (CSE). Er berät Vorstände von internationalen Konzernen in strategischen und organisatorischen Fragen, ist gefragter Verhandlungsexperte und begleitet als Top Executive Coach Unternehmer auf ihrem Weg an die Spitze. Seine Führungserfahrung hat er in der automotiven Industrie an der Schnittstelle Logistik und IT gesammelt, unter anderem auch als Mitglied des Executive Boards eines 1.800 Mitarbeiter starken IT-Service-Unternehmens. Gemeinsam mit zwei Partnern gründete er 2018 die digitalsee GmbH, ein agiles Digitalisierungsunternehmen, welches sich auf Projektmanagement, IT Service und New Work spezialisiert hat. Der Jurist und Psychologe lehrt an Universitäten und Fachhochschulen und widmet sich in seiner Freizeit ehrenamtlich der Arbeit für Menschen mit besonderen Bedürfnissen.

Der Künstler

David Ashley Kilvington studierte an der Universität von Brighton Malerei. Seit seinem Abschluss im Jahr 1991 hat er eine Reihe erfolgreicher internationaler Einzel- und Gruppenausstellungen bestritten. Er setzt formale Komposition, leuchtende Farben und ein hervorragendes malerisches Können ein, um Kunstwerke zu schaffen, die die Grenzen der figurativen Kunst überschreiten und eine starke malerische Qualität aufweisen. Werke, deren Aussage durch scharfe Beobachtung, ausdrucksstarke Zeichnung und eine subtile Vorstellungskraft unterstützt wird. Der international erfolgreiche Künstler lebt mit seiner Familie in Wales.

PI1 3694305
9778968